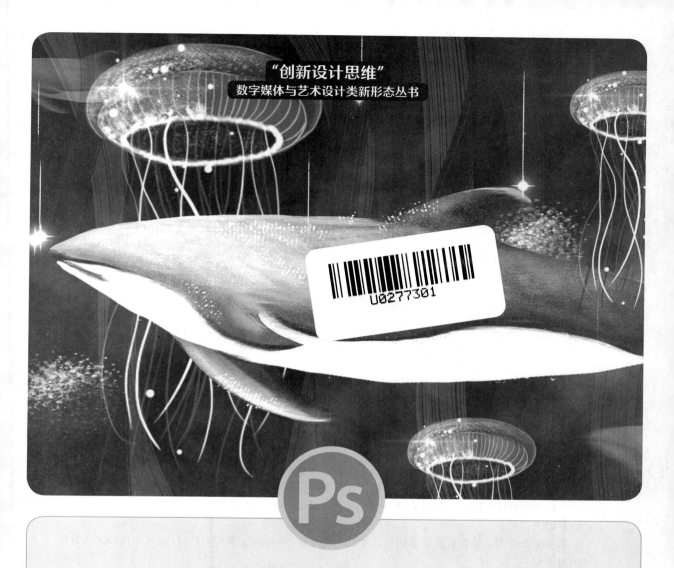

"创新设计思维"
数字媒体与艺术设计类新形态丛书

U0277301

Photoshop CC
图形图像处理 标准教程

微课版·第2版

互联网＋数字艺术教育研究院 ◎ 策划

王艳梅 钱新杰 ◎ 主编

鲁晓帆 李权 ◎ 副主编

人民邮电出版社

北京

图书在版编目（CIP）数据

Photoshop CC图形图像处理标准教程：微课版／王艳梅，钱新杰主编. -- 2版. -- 北京：人民邮电出版社，2021.8（2024.6重印）
（"创新设计思维"数字媒体与艺术设计类新形态丛书）
ISBN 978-7-115-56215-9

Ⅰ. ①P… Ⅱ. ①王… ②钱… Ⅲ. ①图象处理软件—教材 Ⅳ. ①TP391.413

中国版本图书馆CIP数据核字(2021)第054116号

内 容 提 要

本书全面系统地介绍了 Photoshop CC 的基本操作方法和图形图像处理技巧，包括平面设计概述、图像处理基础知识、初识 Photoshop CC、绘制和编辑选区、绘制图像、修饰图像、编辑图像、绘制图形及路径、调整图像的色彩和色调及特殊颜色处理、图层的应用、应用文字、通道与蒙版、动作与滤镜和综合案例等内容。

本书将案例融入软件功能的介绍过程，力求通过课堂案例演练，使读者快速掌握软件的应用技巧。读者在学习了基础知识和基本操作后，通过课后习题实践，拓展实际应用能力。在本书的最后一章，精心安排了专业设计公司的 4 个精彩案例，力求通过对这些案例的解析，提高读者的艺术设计创意能力。

本书适合作为高等院校数字媒体与艺术设计类专业 Photoshop 课程的教材，也可作为相关人员自学的参考用书。

◆ 主　　编　王艳梅　钱新杰
　　副 主 编　鲁晓帆　李　权
　　责任编辑　许金霞
　　责任印制　王　郁　马振武
◆ 人民邮电出版社出版发行　　北京市丰台区成寿寺路 11 号
　　邮编　100164　电子邮件　315@ptpress.com.cn
　　网址　https://www.ptpress.com.cn
　　北京天宇星印刷厂印刷
◆ 开本：787×1092　1/16
　　印张：17.25　　　　　　　　2021 年 8 月第 2 版
　　字数：468 千字　　　　　　2024 年 6 月北京第 8 次印刷

定价：59.80 元

读者服务热线：(010)81055256　印装质量热线：(010)81055316
反盗版热线：(010)81055315
广告经营许可证：京东市监广登字 20170147 号

前言

FOREWORD

编写目的

Photoshop CC 功能强大、易学易用，深受图形图像处理爱好者和平面设计人员的喜爱。为了让读者快速且牢固地掌握 Photoshop CC 的使用方法，设计出更有创意的平面设计作品，我们几位长期在本科院校从事艺术设计教学的教师与专业设计公司经验丰富的设计师合作，共同编写了本书。

内容特点

本书按照"课堂案例—软件功能解析—课堂练习—课后习题"的思路编排内容，且在本书最后一章设置了专业设计公司的 4 个精彩案例，以帮助读者综合应用所学知识。

课堂案例： 精心挑选课堂案例，通过对课堂案例的详细解析，使读者快速掌握软件的基本操作，熟悉案例设计的基本思路。

软件功能解析： 在对软件的基本操作有了一定的了解后，再通过对软件具体功能的详细解析，使读者系统地掌握软件各功能的使用方法。

课堂练习和课后习题： 为帮助读者巩固所学知识，设置了"课堂练习"以提升读者的设计能力，还设置了难度略有提升的"课后习题"，以拓展读者的实际应用能力。

明确设计目标，
总结知识要点

精选商业案例，
素材资源丰富

分步拆解案例，
详述操作方法

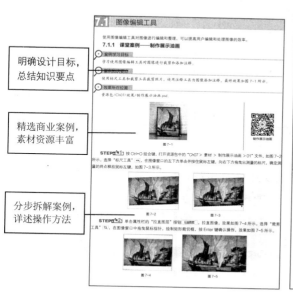

课后强化训练，
拓展应用能力

课堂边学边练，提升设计能力

扫码观看操作，实操边学边练

FOREWORD

学时安排

本书的参考学时为 64 学时，讲授环节为 38 学时，实训环节为 26 学时。各章的参考学时参见以下学时分配表。

章	课 程 内 容	学 时 分 配/学时	
		讲　授	实　训
第 1 章	平面设计概述	1	
第 2 章	图像处理基础知识	1	
第 3 章	初识 Photoshop CC	2	2
第 4 章	绘制和编辑选区	2	2
第 5 章	绘制图像	2	2
第 6 章	修饰图像	2	2
第 7 章	编辑图像	4	2
第 8 章	绘制图形及路径	4	2
第 9 章	调整图像的色彩和色调及特殊颜色处理	4	2
第 10 章	图层的应用	4	2
第 11 章	应用文字	4	2
第 12 章	通道与蒙版	2	2
第 13 章	动作与滤镜	2	2
第 14 章	综合案例	4	4
学时总计/学时		38	26

资源下载

为方便读者线下学习及教学，书中所有案例的微课视频、基础素材和效果文件，以及教学大纲、PPT 课件、教学教案等资料，读者可登录人邮教育社区（www.ryjiaoyu.com），在本书页面中免费下载使用。

基础素材

效果文件

微课视频

PPT 课件

教学大纲

教学教案

致　　谢

本书由互联网+数字艺术教育研究院策划，由王艳梅、钱新杰担任主编，鲁晓帆、李权担任副主编，相关专业制作公司的设计师为本书提供了很多精彩的商业案例，在此表示感谢。

编　者

2021 年 1 月

目录 CONTENT

CONTENT

CONTENT

CONTENT

CONTENT

CONTENT

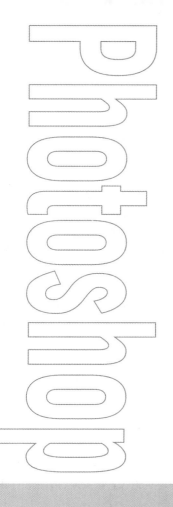

Photoshop CC

Chapter

1

第 1 章
平面设计概述

本章主要介绍平面设计的基础知识，包括平面设计的概念、平面设计的基本要素、平面设计的工作流程、平面设计的常见项目、平面设计的应用软件等内容。作为一名平面设计师，只有对平面设计的基础知识进行全面的了解和掌握，才能更好地进行创意设计和制作。

课堂学习目标

● 了解平面设计的概念和基本要素

● 了解平面设计的工作流程和常见项目

● 掌握平面设计的应用软件

1.1 平面设计的概念

1922 年，美国人威廉·阿迪逊·德威金斯最早提出和使用了"平面设计（Graphic Design）"一词。20 世纪 70 年代，设计艺术得到了充分的发展，"平面设计"成为国际设计界认可的术语。

平面设计是一门与经济学、信息学、心理学和设计学等领域相关的创造性视觉艺术学科。它利用二维空间进行表现，通过图形、文字、色彩等元素的编排和设计进行视觉沟通和信息传达。平面设计师可以利用专业知识和技术来进行创作。

1.2 平面设计的基本要素

平面设计作品的基本要素主要包括图形、文字及色彩，这 3 个要素组成了一幅完整的平面设计作品。每个要素在平面设计作品中都起到了举足轻重的作用，3 个要素之间的相互影响和各种不同的变化都会使平面设计作品产生丰富的视觉效果。

1.2.1 图形

通常，人们在欣赏一幅平面设计作品的时候，首先注意到的是图片，其次是标题，最后才是正文。如果说标题和正文作为符号化的文字会受地域和语言背景的限制的话，那么图形信息的传递则不受此类限制，它是一种通行于世界的"语言"，具有广泛的传播性。因此，图形创意策划的选择直接关系到平面设计作品的优劣。

图形是对整个设计内容的直观体现，它最大限度地表现了平面设计作品的主题和内涵，如图 1-1 所示。

图 1-1

1.2.2 文字

文字是一种基本的信息传递符号。在平面设计中，相对于图形而言，文字的设计也占有相当重要的地位，因为文字是体现内容传播功能最直接的形式。

在平面设计作品中，文字的字体造型和构图编排会直接影响到作品的展示效果和视觉表现力，如图 1-2 所示。

图 1-2

1.2.3 色彩

平面设计作品给人的整体感受取决于作品的整体色彩。作为平面设计作品的重要组成要素之一，色彩的色调与搭配受宣传主题、企业形象、推广地域等因素的共同影响。因此，在进行平面设计时，平面设计师要考虑消费者对颜色的一些固定心理感受以及相关的地域文化，如图 1-3 所示。

图 1-3

1.3 平面设计的工作流程

平面设计的工作流程是一个有明确目标、有正确理念、有负责态度、有周密计划、有清晰步骤、有具体方法的过程，好的平面设计作品都是在完整的工作流程中产生的。平面设计的工作流程具体如下。

1.3.1 客户交流

客户提出设计项目的构想和工作要求，并提供项目的相关文本和图片资料，包括公司介绍、项目描述、基本要求等。

1.3.2 调研需求

根据客户提出的设计构想和要求，平面设计师运用客户提供的相关文本和图片资料，对客户的设计需求进行分析，并对同行业或同类型的设计作品进行市场调研。

1.3.3 草稿讨论

根据已经做好的分析和调研，平面设计师组织设计团队，依据客户的构想设计出项目的草稿。平面设计师带上草稿拜访客户，双方就草稿内容进行沟通讨论。就双方的讨论结果，平面设计师根据需要补充相关资料，达成设计构想上的共识。

1.3.4 签订协议

就设计草稿达成共识后，双方确认设计的具体细节、设计报价和完成时间，并签订《设计协议书》，客户支付项目预付款，设计工作正式展开。

1.3.5 提案讨论

设计团队根据前期的市场调研和客户需求，结合双方关于草稿讨论的意见，开始设计方案的策划、设计和制作工作。设计团队一般要完成 3 个设计方案提交给客户选择，并与客户开会讨论。客户根据提交的方案提出修改建议。

1.3.6 修改完善

根据提案会议的讨论内容和修改意见，设计团队对客户基本满意的方案进行修改调整，进一步完善整体设计，并提交客户确认。等客户再次反馈后，设计团队再进行更细致的调整，完成方案的修改。

1.3.7 验收项目

设计项目完成后，平面设计师和客户一起对完成的设计项目进行验收，并由客户在《设计合格确认书》上签字。客户按《设计协议书》的规定支付项目余款，平面设计师将项目文件提交客户，整个项目完成。

1.3.8 后期制作

设计项目完成后，客户可能需要平面设计师进行设计项目的印刷、包装等后期制作工作。如果平面设计师承接了后期制作工作，就需要和客户签订详细的后期制作合同，并执行好后期制作工作，给客户提供满意的成品。

1.4 平面设计的常见项目

平面设计的常见项目可以归纳为九大类：广告设计、书籍设计、刊物设计、包装设计、网页设计、标志设计、VI 设计、UI 设计、H5 设计。

1.4.1 广告设计

现代社会中，信息传递的速度日益加快，传播方式多种多样。广告作为各种信息的传播媒介，涉及人们日常生活的方方面面，已成为社会生活中不可缺少的一部分。与此同时，广告艺术也凭借着异彩纷呈的表现形式、丰富多彩的内容信息及快捷便利的传播条件，强有力地冲击着我们的视听神经。

广告的英文为 Advertisement，最早从拉丁文 Adverture 演化而来，其含义是"吸引人注意"。广告包含两方面的含义：从广义上讲，广告是指向公众通知某一件事并最终达到广而告之的目的；从狭义上讲，广告主要是指营利性的广告，即广告主出于某种特定的目的，通过一定形式的媒介，耗费一定的费用，公开而广泛地向公众传递某种信息并最终从中获利的宣传手段。

广告设计是指通过图像、文字、色彩、版面、图形等视觉元素，结合广告媒介的特征构成的艺术表现形式，是为了传达广告目的和意图而进行的艺术创意设计。

平面广告的类别主要包括 DM 广告（Direct Mail，又称"快讯商品广告"）、POP 广告（Point of Purchase，又称"店头陈设"）、杂志广告、报纸广告、招贴广告、网络广告和户外广告等。不同的广告设计如图 1-4 所示。

图 1-4

1.4.2　书籍设计

　　书籍是人类进行思想交流、知识传播、经验宣传、文化积累的重要依托，是古今中外的智慧结晶，而书籍的设计更是丰富多彩。

　　书籍设计（Book Design）又称书籍装帧设计，是指书籍的整体策划及造型设计。书籍的策划和设计过程包含了印前、印中和印后对书籍的形态与传达效果的分析。书籍设计的内容很多，包括对开本、封面、扉页、字体、版面、插图、护封、纸张、印刷、装订和材料等的结果设计，属于平面设计范畴。

　　关于书籍的分类，有许多种方法，分类的标准不同，结果也就不同。一般而言，我们按书籍涉及的内容进行分类，可分为文学艺术类、少儿动漫类、生活休闲类、人文科学类、科学技术类、经营管理类、医疗教育类等。不同的书籍设计如图 1-5 所示。

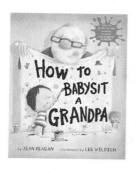

图 1-5

1.4.3　刊物设计

　　刊物是大众类印刷媒体形式之一。这种媒体形式最早出现在德国，但在当时期刊与报纸并无太大区别。随着科技的发展和生活水平的不断提高，期刊与报纸越来越不一样，其内容也更偏重于专题、质量、深度，而非时效性。

　　期刊的读者群体具有特定性和固定性，所以期刊对特定的人群更具有针对性，例如期刊可以进行专业性较强的行业信息交流。正是由于这种特点，期刊内容的传播相对比较精准。同时，因为期刊大多为月刊和半月刊，注重内容的打造，所以期刊的保存时间比报纸要长很多。

　　在设计期刊时，主要是参照其样本和开本进行版面划分，其艺术风格、设计元素和设计色彩都要与刊物本身的定位相呼应。因为期刊一般会选用质量较好的纸张进行印刷，所以图像的印刷质量高、还原效果好、视觉形象清晰。

期刊可分为大众类期刊、专业性期刊、行业性期刊等不同类别，具体包括财经期刊、IT 期刊、动漫期刊、家居期刊、健康期刊、教育期刊、旅游期刊、美食期刊、汽车期刊、人物期刊、时尚期刊、数码期刊等。不同的刊物设计如图 1-6 所示。

图 1-6

1.4.4 包装设计

包装设计是艺术设计与科学技术的结合，是技术、艺术、设计、材料、经济、管理、心理、市场等多种要素的综合体现，是一门综合性学科。

包装设计广义上讲是指包装的整体策划，主要包括包装方法的设计、包装材料的设计、视觉传达设计、包装机械的设计与应用、包装试验、包装成本的设计及包装的管理等。

包装设计狭义上讲是指选用适合商品的包装材料，运用巧妙的制造工艺，为商品进行的容器结构功能化设计和形象化视觉造型设计，使之具备整合容纳、保护产品、方便储运、优化形象、传达属性和促进销售等功能。

包装按商品内容分类，可以分为日用品包装、食品包装、烟酒包装、化妆品包装、医药包装、文体包装、工艺品包装、化学品包装、五金家电包装、纺织品包装、儿童玩具包装、土特产包装等。不同的包装设计如图 1-7 所示。

图 1-7

1.4.5 网页设计

网页设计是指根据网站所要表达的主旨，对网站信息整合归纳后，进行的版面编排和美化设计。通过网页设计，网页信息会更有条理，页面会更具美感，从而能提高网页的信息传达和阅读效率。网页设计者要掌握平面设计的基础理论和设计技巧，熟悉网页配色、网站风格、网页制作技术等网页设计知识，创造出符合项目设计需求的艺术化和人性化网页。

根据不同的属性，网页可分为商业性网页、综合性网页、娱乐性网页、文化性网页、行业性网页、区域性网页等类型。不同的网页设计如图 1-8 所示。

图 1-8

1.4.6 标志设计

标志是具有象征意义的视觉符号，它借助图形和文字的巧妙组合，艺术地传达某种信息，表达某种特殊的含义。标志设计是指将具体的事物和抽象的精神用特定的图形和符号表现出来，使人们在看到标志时，自然地产生联想，从而对其蕴含的精神产生认同。对于一个企业而言，标志渗透到了企业运营的各个环节，例如日常经营活动、广告宣传、对外交流、文化建设等。作为企业的无形资产，标志的价值随同企业的发展不断增加。

标志按功能分类，可以分为政府标志、机构标志、城市标志、商业标志、纪念标志、文化标志、环境标志、交通标志等。不同的标志设计如图 1-9 所示。

图 1-9

1.4.7 VI 设计

VI（Visual Identity）即视觉识别系统，是指以建立企业的理念识别为基础，将企业理念、企业使命、企业价值观和经营理念等转化为具体的识别符号，并进行具象化、视觉化的传播。企业视觉识别具体指通过各种媒体将企业形象广告、标志、产品包装等有计划地传达给社会公众，树立企业整体统一的识别形象。

VI 是企业形象识别（Corporate Indenting CI）中项目最多、层面最广、效果最直接的向社会传达信息的部分，最具有传播力和感染力，也最容易被公众所接受，短期内受到的影响也最明显。公众通过 VI 可以一目了然地掌握企业的信息，产生认同感，进而达到企业识别的目的。成功的 VI 设计能使企业及其产品在市场中获得较强的竞争力。

VI 主要由两大部分组成，即基础识别部分和应用识别部分。其中，基础识别部分主要包括企业标志、标准字体与印刷专用字体、色彩系统、辅助图形、品牌角色（吉祥物）等。应用识别部分包括办公系统、标识系统、广告系统、旗帜系统、服饰系统、交通系统、展示系统等。不同的 VI 设计如图 1-10 所示。

图 1-10

1.4.8　UI 设计

UI（User Interface）即用户界面，是指对软件的人机交互、操作逻辑、界面外观的整体设计。

UI 设计从早期专注于工具的技法表现，到现在要求设计师参与到整个商业链条中，兼顾商业目标的达成和用户体验的改善，由此可以看出国内 UI 设计行业的发展是跨越式的，UI 设计从设计风格、技术实现到应用领域都发生了巨大的变化。

　　UI 设计的风格经历了由拟物化到扁平化设计的转变，现在扁平化风格依然为主流，但加入 Material Design 设计语言（材料设计语言，是由 Google 推出的全新设计语言）后，UI 设计更为醒目和细腻。

　　UI 设计的应用领域已由原先的 PC 端和移动端扩展到可穿戴设备、无人驾驶汽车、AI（Artificial Intelligence，人工智能）机器人等。今后，无论技术如何进步，设计风格如何转变，甚至应用领域如何不同，UI 设计都将参与到产品研发的整个链条中，实现人性化、包容化、多元化的目标。不同的 UI 设计如图 1-11 所示。

图 1-11

1.4.9　H5 设计

　　H5 指的是移动端上基于 HTML5 技术的交互动态网页，是移动互联网中的一种新型营销工具，能通过移动平台传播信息。不同的 H5 设计如图 1-12 所示。

（a）我是创益人×腾讯广告×腾讯　　　（b）网易云音乐：你的荣格心理原型　　　（c）淘宝：淘宝造物节邀请函

基金会：敦煌数字修复

图 1-12

H5 具有跨平台、多媒体、强互动以及易传播的特点。H5 的应用形式多样，常见的应用途径有品牌宣传、产品展示、活动推广、知识分享、新闻热点、会议邀请、企业招聘、培训招生等。

H5 的类型包括营销宣传、知识新闻、游戏互动以及网站应用 4 类。

1.5 平面设计的应用软件

目前在平面设计工作中，经常使用的软件有 Photoshop、Illustrator 和 InDesign，这 3 款软件都有鲜明的功能和特色。要想根据创意制作出完美的平面设计作品，就需要熟练使用这 3 款软件，并能很好地利用不同软件的优势，巧妙地结合使用。

1.5.1 Photoshop

Photoshop 是 Adobe 公司出品的功能强大的图形图像处理软件，集编辑修饰、制作处理、创意编排、图像输入与输出等功能于一体，深受平面设计人员和摄影爱好者的喜爱。Photoshop 通过升级软件版本，功能不断完善，已经成为迄今为止世界上最畅销的图像处理软件之一。Photoshop CC 2019 的启动界面如图 1-13 所示。

图 1-13

Photoshop 的主要功能包括绘制和编辑选区、绘制和修饰图像、绘制图形及路径、调整图像的色彩和色调、应用图层、编辑文字、使用通道和蒙版、应用滤镜及动作等。这些功能可以很好地辅助平面设计师进行平面设计作品的创作。

Photoshop 适合完成的平面设计任务有图像抠像、图像调色、图像特效、文字特效、插图设计等。

1.5.2 Illustrator

Illustrator 是 Adobe 公司推出的专业矢量绘图工具，常用于出版、多媒体和在线图像领域。Illustrator 的应用人群主要包括印刷出版线稿的设计师和专业插画家、多媒体图像的艺术家、网页或在线内容的制作者。Illustrator CC 2019 的启动界面如图 1-14 所示。

Illustrator 的主要功能包括图形的绘制和编辑、路径的绘制和编辑、图像对象的组织、颜色填充与描边编辑、文本的编辑、图表的编辑、图层和蒙版的使用、混合与封套效果的使用、滤镜效果的使用、样式外观与效果的使用等。这些功能可以全面地辅助平面设计师进行设计。

图 1-14

Illustrator 适合完成的平面设计任务包括插图设计、标志设计、字体设计、图表设计、单页设计、折页设计等。

1.5.3 InDesign

InDesign 是由 Adobe 公司开发的专业排版设计软件，是专业的出版设计平台。它功能强大、易学易用，使用户能够通过其内置的创意工具和精确的排版控制为印刷或数字出版物设计出极具吸引力的页面，深受版式编排人员和平面设计师的喜爱，已经成为图文排版领域最流行的软件之一。InDesign CC 2019 的启动界面如图 1-15 所示。

InDesign 的主要功能包括绘制和编辑图形对象、绘制与编辑路径、编辑描边与填充、编辑文本、处理图像、编排版式、处理表格与图层、编排页面、编辑书籍和目录等。这些功能可以很好地辅助平面设计师进行平面设计作品的创意设计与排版制作。

InDesign 适合完成的平面设计任务包括图表设计、单页排版、折页排版、广告设计、报纸设计、杂志设计、书籍设计等。

图 1-15

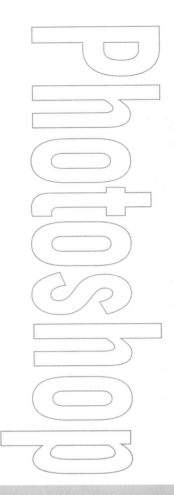

Chapter

2

第 2 章
图像处理基础知识

本章主要介绍使用 Photoshop CC 2019 进行图像处理的基础知识,包括位图和矢量图、分辨率、图像的色彩模式及常用的图像文件格式等。通过对本章的学习,读者可以快速掌握这些基础知识,有助于更快、更准确地处理图像。

课堂学习目标

- 了解位图、矢量图和分辨率
- 熟悉图像的色彩模式
- 熟悉常用的图像文件格式

2.1 位图和矢量图

图像文件可以分为两大类：位图和矢量图。在绘图或处理图像的过程中，这两种类型的图像可以交叉使用。

2.1.1 位图

位图也叫点阵图，它是由许多单独的小方块组成的，这些小方块称为像素点。每个像素点都有特定的位置和颜色值，位图的显示效果与像素点的位置和颜色值是紧密联系的，不同排列和着色的像素点组合在一起构成了一幅色彩丰富的位图。像素点越多，位图的分辨率越高，相应的，位图文件包含的数据量也会越大。

一幅位图的原始效果如图 2-1 所示，使用放大工具放大后，可以清晰地看到像素点的形状与颜色，效果如图 2-2 所示。

图 2-1   图 2-2

位图的显示效果与分辨率有关，如果在屏幕上以较大的倍数放大显示位图，或以低于创建时的分辨率打印位图，位图就会出现锯齿状的边缘，并且会丢失细节。

2.1.2 矢量图

矢量图也叫向量图，它是一种基于图形的几何特性进行描绘的图像。矢量图中的各种图形元素称为对象，每一个对象都是独立的个体，都具有大小、颜色、形状和轮廓等属性。

矢量图的显示效果与分辨率无关，可以设置为任意大小，清晰度不会因分辨率的大小而改变，也不会出现锯齿状的边缘。在任何分辨率下显示或打印矢量图，都不会丢失细节。一幅矢量图的原始效果如图 2-3 所示，使用放大工具放大后，其清晰度不变，效果如图 2-4 所示。

图 2-3   图 2-4

矢量图所占的储存空间较小，但这种图像的缺点是色调不够丰富，而且无法像位图那样精确地描绘各种绚丽的景象。

2.2 分辨率

分辨率是用于描述图像文件属性的术语，分为图像分辨率、屏幕分辨率和输出分辨率，下面分别进行讲解。

2.2.1 图像分辨率

在 Photoshop CC 2019 中，图像中每单位长度上的像素数目称为图像的分辨率，其单位为像素/英寸（1 英寸≈2.54 厘米）或像素/厘米。

在尺寸相同的两幅图像中，高分辨率的图像包含的像素比低分辨率的图像包含的像素多。例如，一幅尺寸为 1 英寸×1 英寸的图像，其分辨率为 72 像素/英寸，则这幅图像包含 5 184（72×72＝5 184）个像素；同样尺寸，分辨率为 300 像素/英寸的图像包含 90 000（300×300=90 000）个像素。在相同尺寸下，分辨率为 72 像素/英寸的图像效果如图 2-5 所示，分辨率为 10 像素/英寸的图像效果如图 2-6 所示。由此可见，在相同尺寸下，高分辨率的图像更能清晰地表现图像内容。

图 2-5　　　　　　　　　　　　　　　　图 2-6

如果一幅图像所包含的像素是固定的，那么增大图像尺寸会降低图像的分辨率。

2.2.2 屏幕分辨率

屏幕分辨率是显示器上每单位长度显示的像素数目。当屏幕尺寸一样时，屏幕分辨率低，屏幕上显示的像素就少，单位像素的尺寸就大；分辨率高，屏幕上显示的像素就多，单位像素的尺寸就小。因此，当屏幕尺寸一样时，分辨率越高，屏幕的显示效果就越清晰。在 Photoshop CC 2019 中，图像像素被直接转换成屏幕像素，当图像分辨率高于屏幕分辨率时，屏幕中显示的图像比实际尺寸大。

2.2.3 输出分辨率

输出分辨率是照排机或打印机等输出设备每英寸产生的油墨点数（dpi）。如果打印机的分辨率在 720 dpi 以上，可以使图像获得比较好的输出效果。

2.3 图像的色彩模式

Photoshop CC 2019 提供了多种色彩模式，这些色彩模式正是设计作品能够在屏幕和印刷物上成功表现的重要保障。在这些色彩模式中，经常使用到的有 CMYK 模式、RGB 模式及灰度模式。另外，还有索引模式、Lab 模式、HSB 模式、位图模式、双色调模式和多通道模式等。这些模式都可以在模式菜单下选取，每种色彩模式都有不同的色域，并且各个色彩模式之间可以相互转换。下面将介绍常用的色彩模式。

2.3.1　CMYK 模式

CMYK 代表了印刷中使用的 4 种油墨的颜色：C 代表青色，M 代表洋红色，Y 代表黄色，K 代表黑色。CMYK 颜色控制面板如图 2-7 所示。

CMYK 模式应用了色彩学中的减法混合原理，即减色色彩模式，它是图片、插图和其他设计作品最常用的一种色彩模式。因为作品在印刷时通常都要进行四色分色，出四色胶片，然后再进行印刷。

2.3.2　RGB 模式

与 CMYK 模式不同，RGB 模式是一种加色模式，它通过红、绿、蓝 3 种色光叠加而形成更多的颜色。RGB 颜色控制面板如图 2-8 所示。一幅 24 bit 的 RGB 图像有 3 个色彩信息的通道：红色（R）、绿色（G）和蓝色（B）。每个通道都有 8 bit 的色彩信息，即每个通道都有一个 0～255 的亮度值色域。也就是说，每一种色彩都有 256 个亮度等级。3 种色光相叠加，可以有 $256 \times 256 \times 256 \approx 1\,670$ 万种颜色。这 1 670 万种颜色足以表现绚丽多彩的世界。

在 Photoshop CC 2019 中编辑图像时，RGB 模式是最佳的色彩模式，因为它可以提供全屏幕多达 24 bit 的色彩范围。

2.3.3　灰度模式

灰度图又叫 8 bit 深度图，图中每个像素用 8 个二进制位表示，能产生 16 级（即 256）灰色调。当一个彩色文件被转换为灰度模式文件时，所有的颜色信息都将从文件中丢失。尽管 Photoshop CC 2019 允许将一个灰度模式文件转换为彩色模式文件，但也不可能将原来的颜色完全还原。所以，要将图像转换为灰度模式时，应先做好图像的备份。

与黑白照片一样，灰度模式的图像只有明暗值，没有色相和饱和度这两种颜色信息。图 2-9 所示的灰度颜色控制面板中，0% 代表白，100% 代表黑，K 值用于衡量黑色油墨用量。

　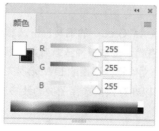　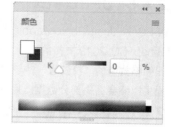

图 2-7　　　　　　　　　　图 2-8　　　　　　　　　　图 2-9

 提示

将彩色模式的图像转换为双色调（Duotone）模式或位图（Bitmap）模式时，必须先转换为灰度模式，然后由灰度模式转换为双色调模式或位图模式。

2.4　常用的图像文件格式

用 Photoshop CC 2019 制作或处理好一幅图像后，就要进行存储。这时，选择一种合适的文件格式就显得十分重要。Photoshop CC 2019 有 20 多种文件格式可供选择，在这些文件格式中，既有 Photoshop CC 2019 的专用格式，也有用于应用程序交换的文件格式，还有一些比较特殊的格式。下面将介绍几种常用的文件格式。

2.4.1　PSD 格式和 PDD 格式

PSD 格式和 PDD 格式是 Photoshop 软件的专用文件格式，能够保存图像文件的细小数据，如图层、蒙版、通道等 Photoshop 对图像进行特殊处理的信息。在没有最终决定图像存储的格式前，最好先以这两种格式存储。另外，Photoshop 打开和存储这两种格式的文件较其他格式快。但是这两种格式也有缺点，例如它们所存储的图像文件特别大，占用的磁盘空间较多等。

2.4.2　TIFF 格式

TIFF 格式是标签图像格式。TIFF 格式对于存储色彩通道图像来说是最合适的格式。用 TIFF 格式存储时应考虑到文件的大小，因为 TIFF 格式的结构要比其他格式更大、更复杂。但 TIFF 格式支持 24 个通道，能存储多于 4 个通道的图像。TIFF 格式非常适用于印刷和输出。

2.4.3　BMP 格式

BMP（Windows Bitmap）格式可以用于绝大多数 Windows 操作系统下的应用程序。

BMP 格式使用索引色彩，它的图像具有极其丰富的色彩，并可以使用 16MB 色彩渲染图像。BMP 格式能够存储黑白图、灰度图和 16MB 色彩的 RGB 图像等。在使用 BMP 格式存储图像文件时，可以进行无损失压缩，节省磁盘空间。

2.4.4　GIF 格式

GIF 是 Graphics Interchange Format（图形交换格式）的缩写。GIF 格式的图像文件容量比较小，它能形成一种压缩的 8 bit 图像文件。正因为这样，一般用这种格式存储图像文件来缩短图形的加载时间。如果在网络中传送图像文件，GIF 格式的图像文件的传送速度要比其他格式的图像文件快得多。

2.4.5　JPEG 格式

JPEG 是 Joint Photographic Experts Group 的缩写，中文意思为联合摄影专家组。JPEG 格式既是 Photoshop CC 2019 支持的一种文件格式，也是一种压缩方案。它是较为常用的一种存储格式。JPEG 格式是压缩格式中的"佼佼者"，与 TIFF 文件格式采用的 LIW 无损失压缩相比，它的压缩比例更大，但使用的有损失压缩会丢失部分数据。用户可以在存储前选择图像的最终质量，这样就能控制数据的损失程度。

2.4.6　EPS 格式

EPS 是 Encapsulated Post Script 的缩写。EPS 格式是可在 Illustrator 和 Photoshop 之间交换的文件格式。Illustrator 制作出来的流动曲线、简单图形和专业图像一般都存储为 EPS 格式，Photoshop 可以使用这种格式的文件。在 Photoshop 中，也可以把其他图形文件存储为 EPS 格式，然后在排版类的 PageMaker 和绘图类的 Illustrator 等其他软件中使用。

2.4.7　选择合适的图像文件存储格式

实际工作中，用户可以根据工作任务的需要选择合适的图像文件存储格式。例如，如果图像要用于印刷，可以选择用 TIFF 格式、EPS 格式；对于 Internet 图像，可以选择用 GIF 格式、JPEG 格式；如果图像用于 Photoshop 处理，可以选择用 PSD 格式、TIFF 格式。

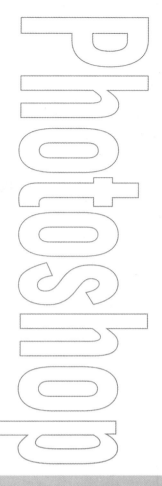

3

第 3 章
初识 Photoshop CC

本章首先对 Photoshop CC 进行概述，然后介绍 Photoshop CC 的特色功能。通过本章的学习，读者可以对 Photoshop CC 的多种功能有一个大体的了解，这样有助于在制作图像的过程中快速地定位，并运用相应的知识点完成图像的制作。

课堂学习目标

● 熟悉软件的工作界面和基本操作

● 掌握图像的显示效果、标尺、参考线、网格线和绘图颜色的设置

● 掌握图层的基本操作方法

3.1 工作界面的介绍

熟悉工作界面是学习 Photoshop CC 的基础。掌握工作界面中的内容，有助于初学者日后得心应手地使用 Photoshop CC。Photoshop CC 的工作界面主要由菜单栏、属性栏、工具箱、控制面板和状态栏组成，如图 3-1 所示。

菜单栏
属性栏
工具箱
控制面板
状态栏

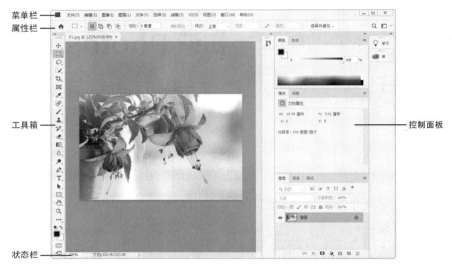

图 3-1

菜单栏：菜单栏中包含 11 个菜单命令，利用菜单命令可以完成编辑图像、调整色彩和添加滤镜效果等操作。

属性栏：属性栏是工具箱中各个工具的功能扩展，在属性栏中选择不同的选项，可以快速地完成多样化的操作。

工具箱：工具箱中包含了多个工具，利用不同的工具可以完成图像的绘制、观察和测量等操作。

控制面板：控制面板是 Photoshop CC 的重要组成部分，通过不同的功能面板，可以完成填充颜色、设置图层和添加样式等操作。

状态栏：状态栏可以提供显示比例、文档大小、当前工具和暂存盘大小等提示信息。

3.1.1 菜单栏

1. 菜单分类

Photoshop CC 的菜单栏依次分为“文件”菜单、“编辑”菜单、“图像”菜单、“图层”菜单、“文字”菜单、“选择”菜单、“滤镜”菜单、“3D”菜单、“视图”菜单、“窗口”菜单及“帮助”菜单，如图 3-2 所示。

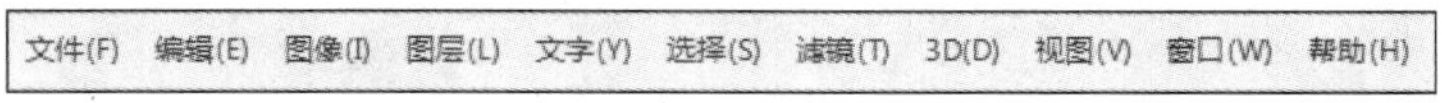

文件(F) 编辑(E) 图像(I) 图层(L) 文字(Y) 选择(S) 滤镜(T) 3D(D) 视图(V) 窗口(W) 帮助(H)

图 3-2

“文件”菜单包含了各种文件的操作命令，“编辑”菜单包含了各种编辑文件的操作命令，“图像”菜单包含了各种改变图像大小、颜色等的操作命令，“图层”菜单包含了各种调整图层的操作命令，“文字”菜单包含了各种文字的编辑和调整命令，“选择”菜单包含了各种关于选区的操作命令，“滤镜”菜单包含了各种添加滤镜效果的操作命令，“3D”菜单包含了各种创建 3D 模型、控制框架和编辑光线的操作命令，"视图"菜单包含了各种对视图进行设置的操作命令，"窗口"菜单包含了各种显示或隐藏控制面板的操作命令，"帮助"菜单包含了各种帮助信息。

2. 菜单命令的不同状态

子菜单命令：有些菜单命令包含了相关的菜单命令，即子菜单的菜单命令，其右侧会显示黑色的三角形▶，鼠标指针移动到带有黑色三角形的菜单命令上，就会打开其子菜单，如图 3-3 所示。

不可执行的菜单命令：当菜单命令不符合运行的条件时，就会显示为灰色，即该菜单命令处于不可执行的状态，例如在 CMYK 模式下，滤镜菜单中的部分菜单命令将变为灰色，不能使用。

可弹出对话框的菜单命令：当菜单命令右侧显示有省略号 "…" 时，如图 3-4 所示，表示单击此菜单命令，能够打开相应的对话框，可以在对话框中进行相应的设置。

图 3-3

图 3-4

3. 显示或隐藏菜单命令

可以根据操作需要隐藏或显示指定的菜单命令，并暂时隐藏不经常使用的菜单命令。选择"窗口 > 工作区 > 键盘快捷键和菜单"命令，弹出"键盘快捷键和菜单"对话框，如图 3-5 所示。

选择"菜单"选项卡，单击"应用程序菜单命令"栏中命令左侧的三角形按钮 ，将显示详细的菜单命令，如图 3-6 所示。单击"可见性"栏中的眼睛图标 ，即可将其对应的菜单命令隐藏，如图 3-7 所示。

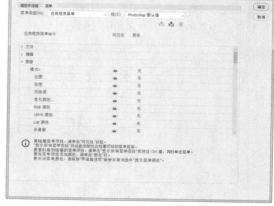

图 3-5

图 3-6

设置完成后，单击"存储对当前菜单组的所有更改"按钮 ，保存当前的设置。也可单击"根据当前菜单组创建一个新组"按钮 ，将当前的修改创建为一个新组。隐藏应用程序菜单命令前后的效果如图 3-8 和图 3-9 所示。

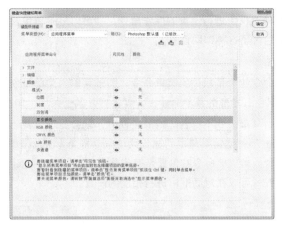

图 3-7

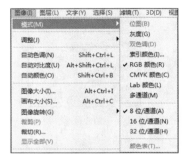

图 3-8

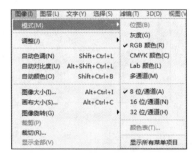

图 3-9

4. 突出显示菜单命令

为了突出显示需要的菜单命令，可以为其设置颜色。选择"窗口 > 工作区 > 键盘快捷键和菜单"命令，弹出"键盘快捷键和菜单"对话框，选择"菜单"选项卡，单击"应用程序菜单命令"栏中命令左侧的三角形按钮，展开详细的菜单命令，在要突出显示的菜单命令右侧单击"无"按钮，在弹出的下拉列表中可以选择需要的颜色，如图 3-10 所示，可以为不同的菜单命令设置不同的颜色，如图 3-11 所示。设置好颜色后，菜单命令的效果如图 3-12 所示。

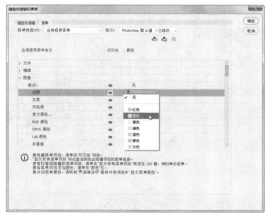

图 3-10

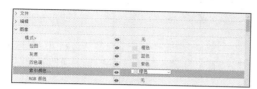

图 3-11

图 3-12

提示

如果要取消菜单命令的颜色，可以选择"编辑 > 首选项 > 界面"命令，在弹出的"首选项"对话框中选择"界面"选项，然后取消勾选"显示菜单颜色"复选框即可。

5. 快捷键

要选择命令时，可以使用菜单命令旁标注的快捷键，例如要选择"文件 > 打开"命令，可以直接按 Ctrl+O 组合键。

按住 Alt 键，同时按菜单栏中菜单名称右侧括号内的字母键即可打开相应的菜单，再按菜单中菜单命令右侧括号内的字母键即可执行相应的命令。例如，要打开"选择"菜单，按 Alt+S 组合键即可，要想选择菜单中的"色彩范围"命令，再按 Alt+C 组合键即可。

为了更方便地使用常用的命令，Photoshop CC 提供了自定义快捷键的功能。

选择"窗口 > 工作区 > 键盘快捷键和菜单"命令，弹出"键盘快捷键和菜单"对话框，选择"键盘快捷键"选项卡，如图 3-13 所示。下方的信息栏说明了编辑键盘快捷键的方法。在"快捷键用于"选项中可以选择需要设置快捷键的菜单或工具，在"组"选项中可以选择需要设置快捷键的组合，在下方的选项栏中选择需要设置的命令或工具进行快捷键的设置，如图 3-14 所示。

图 3-13

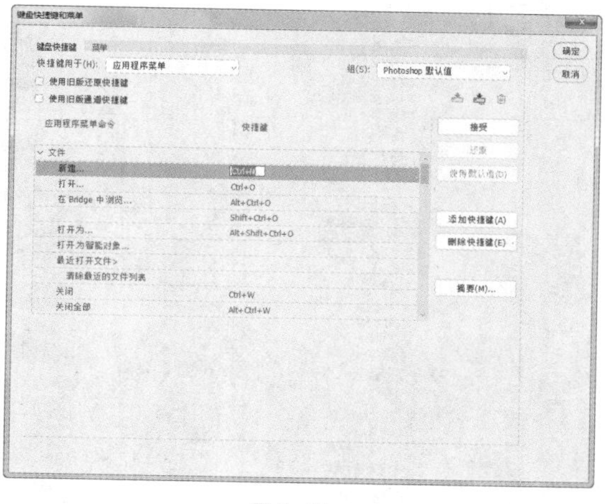

图 3-14

设置新的快捷键后，单击对话框右上方的"根据当前的快捷键组创建一组新的快捷键"按钮，弹出"另存为"对话框，在"文件名"文本框中输入名称，如图 3-15 所示。单击"保存"按钮存储新的快捷键设置。这时，在"组"选项中可选择新的快捷键设置，如图 3-16 所示。

图 3-15　　　　　　　　　　　　　　　图 3-16

更改快捷键设置后，单击"存储对当前快捷键组的所有更改"按钮🖫对设置进行存储，单击"确定"
按钮，应用新的快捷键设置。要将快捷键的设置删除，可以单击对话框右上角的"删除当前的快捷键组合"
按钮🗑，Photoshop CC 会自动还原为默认设置。

 提 示

在为控制面板或菜单中的命令定义快捷键时，这些快捷键必须包括 Ctrl 键或一个功能键。在为工具箱中
的工具定义快捷键时，必须使用 A ~ Z 的字母键。

3.1.2　工具箱

Photoshop CC 的工具箱中包括选择工具、绘图工具、填充工具、编辑工具、颜色选择工具、屏幕视图
工具和快速蒙版工具等，如图 3-17 所示。想要了解每个工具的具体名称和功能，可以将鼠标指针放置在
具体工具的上方，此时会出现一个演示框，上面会显示该工具的具体名称和功能，如图 3-18 所示。工具
名称右侧的字母代表选择此工具的快捷键，可以利用其快速切换相应的工具。

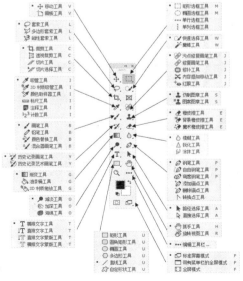

图 3-17　　　　　　　　　　　　　　　图 3-18

Photoshop CC 的工具箱可以根据需要在单栏与双栏之间自由切换。当工具箱显示为单栏时，如图 3-19 所示。单击工具箱上方的双箭头按钮 ▸▸，即可将工具箱转换为双栏显示，如图 3-20 所示。

图 3-19

图 3-20

在工具箱中，部分工具图标的右下方有一个黑色的小三角 ◢，表示在该工具下还有隐藏的工具。在工具箱中有小三角的工具图标上单击，并按住鼠标左键不放，就会弹出隐藏的工具选项，如图 3-21 所示。

恢复工具的默认设置：要恢复工具的默认设置，可以在选择该工具后，在相应的工具属性栏中右击工具图标，在弹出的菜单中选择"复位工具"命令，如图 3-22 所示。

图 3-21

图 3-22

选择工具箱中的工具后，鼠标指针就会变为工具图标。例如，选择"裁剪工具" ⌙，图像窗口中的鼠标指针显示为"裁剪工具"的图标，如图 3-23 所示；选择"画笔工具" ✎，鼠标指针显示为"画笔工具"的对应图标，如图 3-24 所示；按 Caps Lock 键，鼠标指针转换为精确的十字形图标，如图 3-25 所示。

图 3-23

图 3-24

图 3-25

3.1.3 属性栏

选择某个工具后，会出现相应的工具属性栏，可以通过属性栏对工具进行进一步的设置。例如，选择"魔棒工具" ✐ 时，工作界面的上方会出现相应的工具属性栏，可以应用属性栏中的各个命令进一步设置工具，如图 3-26 所示。

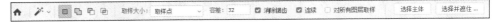

图 3-26

3.1.4 状态栏

打开一幅图像时，图像下方会出现该图像的状态栏，如图 3-27 所示。状态栏左侧显示的是当前图像的显示比例，在显示比例区的文本框中输入数值可改变图像的显示比例。

状态栏的中间部分显示当前图像的文件信息，单击三角形按钮 >，在弹出的菜单中可以选择显示当前图像的相关信息，如图 3-28 所示。

显示比例区——120%　　　文档:333.9K/333.9K　　>——图像信息区

图 3-27　　　　　　　　　　　　　　　　　　　图 3-28

3.1.5 控制面板

Photoshop CC 2019 为用户提供了多个控制面板，它可以根据需要进行收缩与展开，展开状态如图 3-29 所示。单击控制面板上方的双箭头按钮 ▶▶，可以收缩控制面板，如图 3-30 所示。如果要展开某个控制面板，可以直接单击其标签，相应的控制面板会自动弹出，如图 3-31 所示。

图 3-29　　　　　　　　　　　　　　　　　　　图 3-30

若需要拆分某个控制面板，可选中该控制面板的选项卡并向工作区拖曳，如图 3-32 所示，此时选中的控制面板将被拆分出来，如图 3-33 所示。

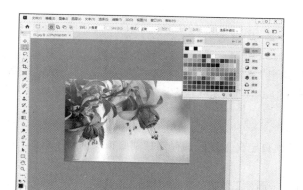

图 3-31

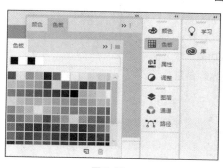

图 3-32

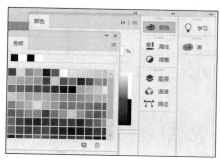

图 3-33

　　用户可以根据需要将两个或多个控制面板组合为一个面板组，这样可以节省空间。要组合控制面板，可以选中外部控制面板的选项卡，将其拖曳到要组合的面板上，面板周围将出现蓝色的边框，如图 3-34 所示。此时释放鼠标左键，控制面板将被组合为面板组，如图 3-35 所示。

　　单击控制面板右上方的 ☰ 按钮，可以打开控制面板的相关菜单，如图 3-36 所示。应用这些命令可以增强控制面板的功能性。

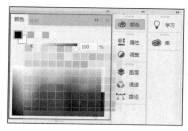

图 3-34

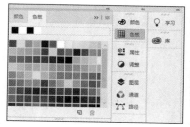

图 3-35

图 3-36

　　按 Tab 键可以隐藏工具箱和控制面板，再次按 Tab 键可以显示出隐藏的部分；按 Shift+Tab 组合键可以隐藏控制面板，再次按 Shift+Tab 组合键可以显示出隐藏的部分。

提 示

按 F5 键可显示或隐藏"画笔"控制面板，按 F6 键可显示或隐藏"颜色"控制面板，按 F7 键可显示或隐藏"图层"控制面板，按 F8 键可显示或隐藏"信息"控制面板，按 Alt+F9 组合键可显示或隐藏"动作"控制面板。

用户可以依据操作习惯自定义工作区、存储控制面板及设置工具的排列方式，设计出个性化的 Photoshop 界面。

选择"窗口 > 工作区 > 新建工作区"命令，弹出"新建工作区"对话框，如图 3-37 所示。输入工作区名称，单击"存储"按钮，即可对自定义的工作区进行存储。

如果要使用自定义的工作区，可以在"窗口 > 工作区"的子菜单中选择新保存的工作区名称。如果要恢复 Photoshop 默认的工作区状态，可以选择"窗口 > 工作区 > 复位基本功能"命令。选择"窗口 > 工作区 > 删除工作区"命令，可以删除自定义的工作区。

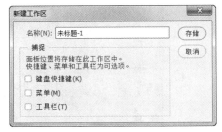

图 3-37

3.2 文件操作

掌握文件的基本操作方法，是进行设计和制作所必需的。下面将具体介绍 Photoshop CC 2019 中文件的基本操作方法。

3.2.1 新建文件

新建文件是使用 Photoshop 进行设计的第一步。如果要在一个空白的文件上绘图，就要在 Photoshop 中新建一个文件。

选择"文件 > 新建"命令，或按 Ctrl+N 组合键，弹出"新建文档"对话框，如图 3-38 所示。

图 3-38

根据需要单击对话框上方的类别选项卡，选择需要的预设文档；或在右侧修改图像的名称、宽度、高度、分辨率和颜色模式等来新建文档，单击图像名称右侧的 <img> 按钮，保存文档预设。设置完成后单击"创建"按钮，即可新建文件，如图 3-39 所示。

图 3-39

3.2.2　打开文件

如果要对照片或图片进行修改和处理，就要在 Photoshop CC 2019 中打开相应的文件。

选择"文件 > 打开"命令，或按 Ctrl+O 组合键，弹出"打开"对话框，在对话框中确认文件类型和文件名，如图 3-40 所示，单击"打开"按钮，或直接双击文件，即可打开指定的文件，如图 3-41 所示。

图 3-40

图 3-41

 提示

在"打开"对话框中也可以一次同时打开多个文件，只需在文件列表中将所需的几个文件选中，并单击"打开"按钮。在"打开"对话框中选择文件时，按住 Ctrl 键单击，可以选择不连续的多个文件。按住 Shift 键单击，可以选择连续的多个文件。

3.2.3 保存文件

编辑和制作完图像后，就需要对文件进行保存，以便于下次继续操作。

选择"文件 > 存储"命令，或按 Ctrl+S 组合键，可以存储文件。当对设计好的作品第一次进行存储时，选择"文件 > 存储"命令，将弹出"另存为"对话框，如图 3-42 所示。在对话框中输入文件名、选择保存类型后，单击"保存"按钮，即可将文件保存。

图 3-42

当对存储的文件进行各种编辑操作后，选择"存储"命令，不会弹出"另存为"对话框，将直接保存最终确认的结果，并覆盖原始文件。

3.2.4 关闭文件

保存文件后，可以将其关闭。选择"文件 > 关闭"命令，或按 Ctrl+W 组合键，可以关闭文件。关闭文件时，若当前文件被修改过或是新建的文件，则会弹出提示对话框，如图 3-43 所示。单击"是"按钮即可存储更改并关闭文件。

图 3-43

3.3 图像的显示效果

使用 Photoshop 编辑和处理图像时，可以通过改变图像的显示比例，使工作变得更加便捷、高效。

3.3.1 100%显示图像

100%显示图像就是以图像的实际像素尺寸显示图像，如图3-44所示。在此状态下，可以看到图像最真实的显示效果，便于后期的打印输出。

3.3.2 放大显示图像

选择"缩放工具" ，鼠标指针变为放大工具图标 ，每单击一次，图像就会放大一倍。当图像以100%的比例显示时，用鼠标指针在图像窗口中单击一次，图像将以200%的比例显示，如图3-45所示。

图 3-44

当要放大指定的一个区域时，在该区域处按住鼠标左键不放，选中的区域就会放大显示，放大到需要的大小后释放鼠标左键即可。取消勾选"细微缩放"复选框，在图像上框选出矩形选区，如图3-46所示，也可以将选中的区域放大，如图3-47所示。

图 3-45

图 3-46

图 3-47

按Ctrl++组合键，可逐级放大图像，例如显示比例从100%放大到200%、300%、400%。

3.3.3 缩小显示图像

缩小显示图像一方面可以用有限的屏幕空间显示更多的图像，另一方面可以看到较大图像的全貌。

选择"缩放工具" ，鼠标指针变为放大图标 ，按住Alt键不放，鼠标指针变为缩小图标 。此时每单击一次鼠标，显示比例将缩小一级，缩小显示前的效果如图3-48所示。按Ctrl+-组合键，可逐级缩小图像，如图3-49所示。

图 3-48

图 3-49

也可在缩放工具属性栏中单击"缩小工具"按钮 ，如图3-50所示，则鼠标指针变为缩小图标 ，每单击一次鼠标，显示比例将缩小一级。

| | | | | □ 调整窗口大小以满屏显示 | □ 缩放所有窗口 | □ 细微缩放 | 100% | 适合屏幕 | 填充屏幕 |

图 3-50

3.3.4 全屏显示图像

若要将图像窗口放大到填满整个屏幕，可以在缩放工具的属性栏中单击"适合屏幕"按钮 适合屏幕 ，再勾选"调整窗口大小以满屏显示"复选框，如图 3-51 所示。这样在放大图像时，图像窗口就会和屏幕的尺寸相适应，效果如图 3-52 所示。单击"100%"按钮 100% ，图像将以实际像素比例显示。单击"填充屏幕"按钮 填充屏幕 ，将缩放图像以适合屏幕。

图 3-51

图 3-52

3.3.5 图像的移动

打开一幅图像，选择"磁性套索工具" ，在要移动的区域绘制选区，如图 3-53 所示。选择"移动工具" ，将鼠标指针放在选区中，鼠标指针变为 图标，如图 3-54 所示。单击并按住鼠标左键，将选区拖曳到合适的位置，移动选区内的图像，选区原来的位置被背景色填充，效果如图 3-55 所示。按 Ctrl+D 组合键可取消选择选区。

图 3-53

图 3-54

图 3-55

打开另一幅图像，将选区中的图像拖曳到新打开的图像中，鼠标指针变为 图标，如图 3-56 所示，释放鼠标左键，选区中的图像将被移动到新打开的图像窗口中，效果如图 3-57 所示。

图 3-56　　　　　　　　　　　　　　　　　　图 3-57

3.3.6　图像窗口显示

打开多个图像文件时，会出现多个图像窗口，这就需要对图像窗口进行布置和摆放。

同时打开多幅图像，如图 3-58 所示。按 Tab 键，隐藏软件界面中的工具箱和控制面板，如图 3-59 所示。

图 3-58　　　　　　　　　　　　　　　　　　图 3-59

选择"窗口 ＞ 排列 ＞ 全部垂直拼贴"命令，图像的排列效果如图 3-60 所示。选择"窗口 ＞ 排列 ＞ 全部水平拼贴"命令，图像的排列效果如图 3-61 所示。

图 3-60　　　　　　　　　　　　　　　　　　图 3-61

选择"窗口 ＞ 排列 ＞ 双联水平"命令，图像的排列效果如图 3-62 所示。选择"窗口 ＞ 排列 ＞ 双联垂直"命令，图像的排列效果如图 3-63 所示。

图 3-62

图 3-63

选择"窗口 > 排列 > 三联水平"命令，图像的排列效果如图 3-64 所示。选择"窗口 > 排列 > 三联垂直"命令，图像的排列效果如图 3-65 所示。

图 3-64

图 3-65

选择"窗口 > 排列 > 三联堆积"命令，图像的排列效果如图 3-66 所示。选择"窗口 > 排列 > 四联"命令，图像的排列效果如图 3-67 所示。

图 3-66

图 3-67

选择"窗口 > 排列 > 将所有内容合并到选项卡中"命令，图像的排列效果如图 3-68 所示。选择"窗口 > 排列 > 在窗口中浮动"命令，图像的排列效果如图 3-69 所示。

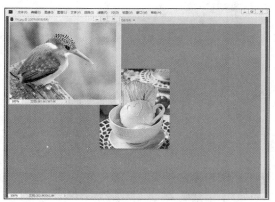

图 3-68   图 3-69

选择"窗口 > 排列 > 使所有内容在图像窗口中浮动"命令，图像的排列效果如图 3-70 所示。选择"窗口 > 排列 > 层叠"命令，图像的排列效果与图 3-70 所示相同。选择"窗口 > 排列 > 平铺"命令，图像的排列效果如图 3-71 所示。

图 3-70   图 3-71

"匹配缩放"命令可以将所有图像窗口都调整为与当前窗口相同的缩放比例。将 01 素材图片放大到 130%显示，如图 3-72 所示，再选择"窗口 > 排列 > 匹配缩放"命令，所有图像都将以 130%显示，如图 3-73 所示。

"匹配位置"命令可以将所有图像窗口都调整为与当前窗口相同的显示位置。调整 04 素材图片的显示位置，如图 3-74 所示，选择"窗口 > 排列 > 匹配位置"命令，所有图像窗口将显示相同的位置，如图 3-75 所示。

"匹配旋转"命令可以将所有窗口都调整为与当前窗口相同的视图旋转角度。在工具箱中选择"旋转视图工具" ，将 02 素材图片的视图旋转一定角度，如图 3-76 所示，选择"窗口 > 排列 > 匹配旋转"命令，所有图像窗口都将旋转相同的角度，如图 3-77 所示。

图 3-72

图 3-73

图 3-74

图 3-75

图 3-76

图 3-77

　　"全部匹配"命令可以使所有图像窗口的缩放比例、图像显示位置、画布旋转角度都与当前窗口相匹配。

3.3.7　观察放大图像

　　选择"抓手工具" ，鼠标指针变为 形状，直接拖曳图像可以观察图像的各个部分，效果如图 3-78
所示。拖曳图像周围的垂直和水平滚动条也可观察图像的各个部分，效果如图 3-79 所示。如果正在使用
其他工具进行工作，按住空格键，可以快速切换到"抓手工具" 。

图 3-78

图 3-79

3.4 标尺、参考线和网格线的设置

对标尺、参考线和网格线进行设置可以使图像处理更加精确，且实际设计工作中的许多问题也需要使用标尺、参考线和网格线来解决。

3.4.1 标尺的设置

选择"编辑 > 首选项 > 单位与标尺"命令，弹出相应的对话框，如图 3-80 所示，在其中可以对相关参数进行设置。

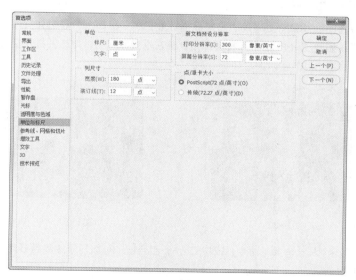

图 3-80

单位：用于设置标尺和文字的显示单位，有不同的显示单位供选择。

新文档预设分辨率：用于预设新建文档的分辨率。

列尺寸：用于设置导入排版软件的图像的列宽度和装订线的尺寸。

点/派卡大小：用于设置与输出有关的参数。

选择"视图 > 标尺"命令，可以隐藏或显示标尺，如图 3-81 和图 3-82 所示。

将鼠标指针放在标尺的 0 点处，如图 3-83 所示。单击并按住鼠标左键不放，向右下方拖曳鼠标指针到合适的位置，如图 3-84 所示。释放鼠标左键，标尺的 0 点位置就变为移动后的位置，如图 3-85 所示。

图 3-81   图 3-82

  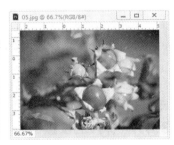

图 3-83   图 3-84   图 3-85

3.4.2　参考线的设置

设置参考线可以将图像编辑得更精确。将鼠标指针放在水平标尺上，单击并按住鼠标左键不放，向下拖曳出水平的参考线，如图 3-86 所示。将鼠标指针放在垂直标尺上，单击并按住鼠标左键不放，向右拖曳出垂直的参考线，如图 3-87 所示。

图 3-86   图 3-87

选择"视图 > 显示 > 参考线"命令，或按 Ctrl+；组合键，可以显示或隐藏参考线，此命令只有在存在参考线时才能应用。

选择"移动工具"，将鼠标指针放在参考线上，当鼠标指针变为 或 图标时，拖曳可以移动参考线。

选择"视图 > 锁定参考线"命令或按 Alt+Ctrl+；组合键，可以将参考线锁定，参考线锁定后将不能移动。选择"视图 > 清除参考线"命令，可以将参考线清除。选择"视图 > 新建参考线"命令，弹出"新建参考线"对话框，如图 3-88 所示，设置完成后单击"确定"按钮，图像中将出现新的参考线。

图 3-88

3.4.3　网格线的设置

设置网格线同样可以将图像处理得更精准。选择"编辑 > 首选项 > 参考线、网格和切片"命令，弹出相应的对话框，如图 3-89 所示。

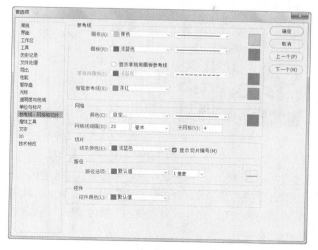

图 3-89

参考线：用于设定参考线的颜色和样式。

网格：用于设定网格的颜色、样式、网格线间隔和子网格等。

切片：用于设定切片的线条颜色和是否显示切片的编号。

选择"视图 > 显示 > 网格"命令，可以隐藏或显示网格线，如图 3-90 和图 3-91 所示。

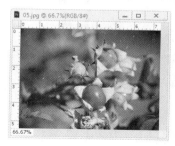

图 3-90

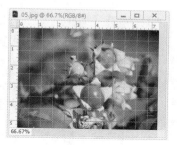

图 3-91

提示

按 Ctrl+R 组合键，可以显示或隐藏标尺。按 Ctrl+；组合键，可以显示或隐藏参考线。按 Ctrl+' 组合键，可以显示或隐藏网格线。

3.5　图像和画布尺寸的调整

根据制作过程中的不同需求，用户需要随时调整图像与画布的尺寸。

3.5.1　图像尺寸的调整

打开一幅图像，选择"图像 > 图像大小"命令，弹出"图像大小"对话框，如图 3-92 所示。

图 3-92

图像大小：改变"宽度"、"高度"和"分辨率"选项的数值，可改变图像大小。

缩放样式 ✿：选择此选项后，若在图像操作过程中添加了图层样式，可以在调整图像尺寸时自动缩放样式。

尺寸：图像的宽度和高度的总像素数，单击尺寸右侧的下拉按钮 ∨，可以改变计量单位。

调整为：选取预设以调整图像尺寸。

约束比例 ⧉：单击"宽度"和"高度"选项，左侧出现锁链标志 ⧉，表示改变其中一项的设置时，另外一项也会成比例地变动。

分辨率：位图图像中的细节精细度，计量单位是像素/英寸（ppi），每英寸的像素越多，分辨率越高。

重新采样：不勾选此复选框，尺寸的数值将不会改变，"宽度"、"高度"和"分辨率"选项左侧将出现锁链标志 ⧉，如图 3-93 所示，改变任意一项的数值时，三项都会成比例地变动。

图 3-93

在对话框中，若要改变选项的单位，可在选项右侧的下拉列表中进行选择，如图 3-94 所示。

图 3-94

单击"调整为"选项右侧的下拉按钮 ✓，在弹出的下拉列表中选择"自动分辨率"选项，弹出"自动分辨率"对话框，系统将自动调整图像的分辨率，如图 3-95 所示。

图 3-95

3.5.2　画布尺寸的调整

画布尺寸是指当前图像周围的工作空间的大小。选择"图像 > 画布大小"命令，弹出"画布大小"对话框，如图 3-96 所示。

当前大小：显示当前文件的大小和尺寸。

新建大小：用于重新设定画布的尺寸。

定位：可调整图像在新画布中的位置，可偏左、居中或在右下角等，如图 3-97 所示。

图 3-96

图 3-97

对画布进行不同的调整，调整前后的效果及具体的调整方式如图 3-98 所示。

图 3-98

图 3-98（续）

画布扩展颜色：在此选项的下拉列表中可以选择填充图像周围扩展部分的颜色，可以选择使用前景色、背景色或 Photoshop 中的默认颜色，也可以自己选择所需颜色，如图 3-99 所示，单击"确定"按钮，效果如图 3-100 所示。

图 3-99

图 3-100

3.6 设置绘图颜色

在 Photoshop 中可以使用"拾色器"对话框、"颜色"控制面板和"色板"控制面板对图像进行色彩的设置。

3.6.1　使用"拾色器"对话框设置颜色

单击工具箱中的"设置前景色/设置背景色"图标，弹出"拾色器"对话框，如图 3-101 所示，在色带上单击或拖曳色带两侧的三角形滑块，可以使颜色的色相产生变化。

左侧的颜色选择区：可以选择颜色的明度和饱和度，垂直方向表示的是明度的变化，水平方向表示的是饱和度的变化。

右侧上方的颜色框：显示所选择的颜色，下方是所选颜色的 HSB、RGB、Lab 和 CMYK 值。选择好颜色后，单击"确定"按钮，所选择的颜色将成为工具箱中的前景色或背景色。

右侧下方的数值框：可以输入 HSB、RGB、Lab、CMYK 值，以得到想要的颜色。

只有 Web 颜色：勾选此复选框，颜色选择区中会出现供网页使用的颜色，如图 3-102 所示，右侧的数值框 `# 000000` 中显示的是颜色的值。

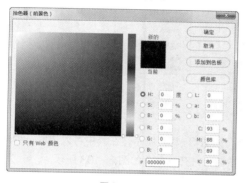

图 3-101

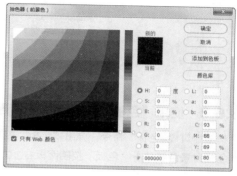

图 3-102

在"拾色器"对话框中单击 `颜色库` 按钮，弹出"颜色库"对话框，如图 3-103 所示。在对话框中，"色库"下拉列表中包含了一些常用的印刷颜色体系，如图 3-104 所示，其中"TRUMATCH"是为印刷设计提供服务的印刷颜色体系。

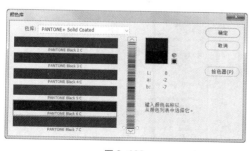

图 3-103

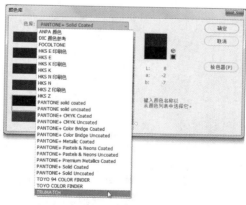

图 3-104

在"颜色库"对话框中，单击或拖曳色带区域两侧的三角形滑块，可以使颜色的色相产生变化。在颜色选择区中选择带有编码的颜色，对话框右侧上方的颜色框中会显示出所选择的颜色，右侧下方是所选择颜色的 Lab 值。

3.6.2　使用"颜色"控制面板设置颜色

选择"窗口 > 颜色"命令，弹出"颜色"控制面板，如图 3-105 所示，在其中可以改变前景色和背景色。

单击面板左上方的设置前景色或设置背景色图标█，确定所调整的是前景色还是背景色，再拖曳三角滑块或在色带中选择所需颜色，或直接在颜色的数值框中输入数值调整颜色。

单击"颜色"控制面板右上方的 ≡ 按钮，打开菜单，如图 3-106 所示，此菜单用于设定"颜色"控制面板中的颜色模式，以在不同的颜色模式中调整颜色。

图 3-105   图 3-106

3.6.3 使用"色板"控制面板设置颜色

选择"窗口 > 色板"命令，弹出"色板"控制面板，如图 3-107 所示，在其中可以选取一种颜色作为前景色或背景色。单击"色板"控制面板右上方的 ≡ 按钮，打开菜单，如图 3-108 所示。

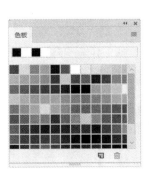

图 3-107   图 3-108

新建色板：用于新建一个色板。

小型缩览图：可使控制面板显示为小型图标。

小/大缩览图：可使控制面板显示为小/大图标。

小/大列表：可使控制面板显示为小/大列表。

显示最近颜色：可显示最近使用的颜色。

预设管理器：用于对色板中的颜色进行管理。

复位色板：用于恢复色板的初始设置。

载入色板：用于向"色板"控制面板中添加色板文件。

存储色板：用于将当前"色板"控制面板中的色板文件存储。

存储色板以供交换：用于将当前"色板"控制面板中的色板文件存储并供交换使用。

替换色板：用于替换"色板"控制面板中现有的色板文件。

"ANPA 颜色"及以下选项都是软件预设的颜色库。

在"色板"控制面板中，将鼠标指针移到空白处，鼠标指针变为油漆桶，如图 3-109 所示，此时单击，弹出"色板名称"对话框，如图 3-110 所示，单击"确定"按钮，即可将当前的前景色添加到"色板"控制面板中，如图 3-111 所示。

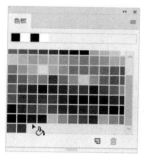

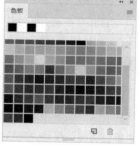

图 3-109　　　　　　　　　　　图 3-110　　　　　　　　　　　图 3-111

在"色板"控制面板中，将鼠标指针移到色标上，鼠标指针变为吸管，如图 3-112 所示，此时单击，即可将吸取的颜色设置为前景色，如图 3-113 所示。

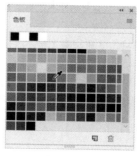

图 3-112　　　　　　　　图 3-113

3.7　了解图层的含义

图层用于在不影响图像中的其他图像元素的情况下处理某一图像元素，可以将图层想象成一张张叠起来的硫酸纸，可以透过上面图层的透明区域看到下面的图层。通过更改图层的顺序和属性，可以改变图像效果。图像效果如图 3-114 所示，图层的原理如图 3-115 所示。

图 3-114

图 3-115

3.7.1 "图层"控制面板

"图层"控制面板列出了图像中的所有图层、组和图层效果，如图 3-116 所示。可以使用"图层"控制面板来搜索图层、显示和隐藏图层、创建新图层及处理图层组等，还可以在"图层"控制面板的弹出式菜单中选择其他命令和选项。

图 3-116

Q 类型 下拉列表中有 9 种不同的搜索方式。

类型：可以通过单击"像素图层过滤器"按钮 ▣、"调整图层过滤器"按钮 ◉、"文字图层过滤器"按钮 Ｔ、"形状图层过滤器"按钮 ▢ 和"智能对象过滤器"按钮 ▣ 来搜索需要的图层。

名称：可以通过在右侧的文本框中输入图层名称来搜索图层。

效果：可以通过图层应用的图层样式来搜索图层。

模式：可以通过图层设定的混合模式来搜索图层。

属性：可以通过图层的可见性、锁定、链接、混合和蒙版等属性来搜索图层。

颜色：可以通过不同的图层颜色来搜索图层。

智能对象：可以通过图层中不同智能对象的链接方式来搜索图层。

选定：可以通过选定的图层来搜索图层。

画板：可以通过画板来搜索图层。

混合模式下拉列表 正常 用于设定图层的混合模式，共包含 27 种混合模式。

不透明度：用于设置图层的总体不透明度。

填充：用于设置图层的内部不透明度。

眼睛图标 ◉：用于显示或隐藏图层中的内容。

锁链图标 ⇔：表示图层与图层之间的链接关系。

Ｔ图标：表示此图层为可编辑的文字层。

ƒx图标：表示为图层添加了样式。

"图层"控制面板的上方有 5 个工具按钮，如图 3-117 所示。

"锁定透明像素"按钮 ▣：用于锁定当前图层中的透明区域，使透明区域不能被编辑。

"锁定图像像素"按钮：使当前图层和透明区域不能被编辑。

"锁定位置"按钮：使当前图层不能被移动。

"防止在画板和画框内外自动嵌套"按钮：锁定画板在画布上的位置，防止在画板内部或外部自动嵌套。

"锁定全部"按钮：使当前图层或序列完全被锁定。

"图层"控制面板的下方有 7 个工具按钮，如图 3-118 所示。

图 3-117　　　　　　　　　　　　　　图 3-118

"链接图层"按钮：使所选图层和当前图层成为一组，对一个链接图层进行的操作，将影响一组链接图层。

"添加图层样式"按钮：为当前图层添加图层样式效果。

"添加图层蒙版"按钮：在当前图层上创建一个蒙版。在图层蒙版中，黑色代表隐藏图像，白色代表显示图像，可以使用画笔等绘图工具对蒙版进行绘制，还可以将蒙版转换成选区。

"创建新的填充或调整图层"按钮：可对图层进行颜色填充和效果调整。

"创建新组"按钮：用于新建一个文件夹，可在其中放入图层。

"创建新图层"按钮：用于在当前图层的上方创建一个新图层。

"删除图层"按钮：可以将不需要的图层拖曳到此处进行删除。

3.7.2　面板菜单

单击"图层"控制面板右上方的按钮，打开菜单，如图 3-119 所示。

3.7.3　新建图层

单击"图层"控制面板右上方的按钮，打开菜单，选择"新建图层"命令，弹出"新建图层"对话框，如图 3-120 所示。

名称：用于设定新图层的名称，可以选择使用前一图层创建剪贴蒙版。

颜色：用于设定新图层的颜色。

模式：用于设定当前图层的合成模式。

不透明度：用于设定当前图层的不透明度值。

单击"图层"控制面板下方的"创建新图层"按钮，可以创建一个新图层；按住 Alt 键单击"创建新图层"按钮，将弹出"新建图层"对话框，在其中可以创建一个新图层。

选择"图层 > 新建 > 图层"命令，或按 Shift+Ctrl+N 组合键，弹出"新建图层"对话框，在其中可以创建一个新图层。

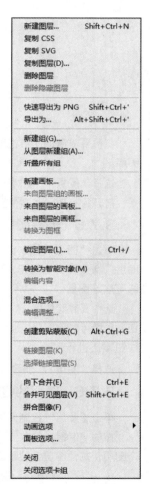

图 3-119

图 3-120

3.7.4　复制图层

单击"图层"控制面板右上方的 ≡ 按钮，打开菜单，选择"复制图层"命令，弹出"复制图层"对话框，如图 3-121 所示。

为：用于设定复制图层的名称。

文档：用于设定复制图层的文件来源。

图 3-121

将需要复制的图层拖曳到控制面板下方的"创建新图层"按钮 ▫ 上，可以将所选的图层复制为一个新图层。

选择"图层 > 复制图层"命令，弹出"复制图层"对话框，在其中可以复制图层。

打开目标图像和需要复制的图像，将需要复制的图像中的图层直接拖曳到目标图像中，可以复制图层。

3.7.5　删除图层

单击"图层"控制面板右上方的 ≡ 按钮，打开菜单，选择"删除图层"命令，弹出提示对话框，如图 3-122 所示，单击"是"按钮，即可删除图层。

图 3-122

选中要删除的图层，单击"图层"控制面板下方的"删除图层"按钮 🗑 ，即可删除图层，也可以将需要删除的图层直接拖曳到"删除图层"按钮 🗑 上进行删除。

选择"图层 > 删除 > 图层"命令，也可以删除图层。

3.7.6　图层的显示和隐藏

单击"图层"控制面板中任意图层左侧的眼睛图标 ◉ ，可以隐藏或显示这个图层。

按住 Alt 键，单击"图层"控制面板中任意图层左侧的眼睛图标 ◉ ，此时图层控制面板中将只显示这个图层，其他图层会被隐藏。

3.7.7　图层的选择、链接和排列

单击"图层"控制面板中的任意一个图层，可以选择这个图层。选择"移动"工具 ⊕ ，右击窗口中的图像，在弹出的图层选项菜单中可以选择所需要的图层。

当要同时对多个图层中的图像进行操作时，可以将多个图层链接以方便操作。选中要链接的图层，如图 3-123 所示。单击"图层"控制面板下方的"链接图层"按钮 ∞ ，选中的图层将被链接，如图 3-124 所示；再次单击"链接图层"按钮 ∞ ，可取消链接。

单击"图层"控制面板中的任意图层并按住鼠标左键不放，可将其拖曳到其他图层的上方或下方。选择"图层 > 排列"命令，打开"排列"命令的子菜单，在其中选择排列方式也可以排列图层。

图 3-123

图 3-124

 提 示

按 Ctrl+ ［组合键，可以将当前图层向下移动一层；按 Ctrl+ ］组合键，可以将当前图层向上移动一层；按 Shift+Ctrl+ ［组合键，可以将当前图层移动到除了背景图层以外的所有图层的下方；按 Shift +Ctrl+ ］组合键，可以将当前图层移动到所有图层的上方。背景图层不能随意移动，可以将其转换为普通图层后再移动。

3.7.8　合并图层

"向下合并"命令用于向下合并图层，单击"图层"控制面板右上方的 ▤ 按钮，在打开的菜单中选择"向下合并"命令，或按 Ctrl+E 组合键即可完成该操作。

"合并可见图层"命令用于合并所有可见层，单击"图层"控制面板右上方的 ▤ 按钮，在打开的菜单中选择"合并可见图层"命令，或按 Shift+Ctrl+E 组合键即可完成该操作。

"拼合图像"命令用于合并所有的图层，单击"图层"控制面板右上方的 ▤ 按钮，在打开的菜单中选择"拼合图像"命令即可完成该操作。

3.7.9　图层组

当编辑多层图像时，为了方便操作，可以将多个图层建立为一个图层组。单击"图层"控制面板右上方的 ▤ 按钮，在打开的菜单中选择"新建组"命令，弹出"新建组"对话框，单击"确定"按钮新建一个图层组，如图 3-125 所示。选中要放置到组中的多个图层，如图 3-126 所示，将其拖曳到图层组中，选中的图层就被放置在图层组中，如图 3-127 所示。

图 3-125

图 3-126

图 3-127

提示

> 单击"图层"控制面板下方的"创建新组"按钮 ▢，或选择"图层 > 新建 > 组"命令，可以新建图层组，还可选中要放置在图层组中的所有图层，按Ctrl+G组合键，自动生成新的图层组。

3.8 恢复操作的应用

在绘制和编辑图像的过程中，经常会错误地执行一个操作或对一系列操作的效果不满意。当希望恢复到前一步或原来的图像效果时，可以使用恢复操作命令。

3.8.1 恢复到上一步的操作

在编辑图像的过程中，可以随时恢复到上一步操作，也可以还原图像到恢复前的效果。选择"编辑 > 还原"命令，或按 Ctrl+Z 组合键，可以在编辑图像的过程中随时恢复到上一步操作。如果想还原图像到恢复前的效果，可再按 Ctrl+Z 组合键。

3.8.2 中断操作

在 Photoshop 中进行图像处理时，想中断当前的操作，按 Esc 键即可。

3.8.3 恢复到任意一步操作

"历史记录"控制面板可以将进行过多次处理操作的图像恢复到进行任意一步操作时的状态，即所谓的"多次恢复"。选择"窗口 > 历史记录"命令，弹出"历史记录"控制面板，如图 3-128 所示。

图 3-128

"历史记录"控制面板下方的按钮从左至右依次为"从当前状态创建新文档"按钮 ▣、"创建新快照"按钮 ◙ 和"删除当前状态"按钮 🗑 。

单击控制面板右上方的 ☰ 按钮，打开菜单，如图 3-129 所示。

前进一步：用于选择下一步操作。

后退一步：用于选择上一步操作。

新建快照：用于根据当前选择的操作记录建立新的快照。

删除：用于删除控制面板中选择的操作记录。

清除历史记录：用于清除控制面板中除最后一条记录外的所有记录。

新建文档：用于从当前状态或者快照建立新的文件。

图 3-129

历史记录选项：用于设置"历史记录"控制面板。

"关闭"和"关闭选项卡组"：分别用于关闭"历史记录"控制面板和"历史记录"控制面板所在的选项卡组。

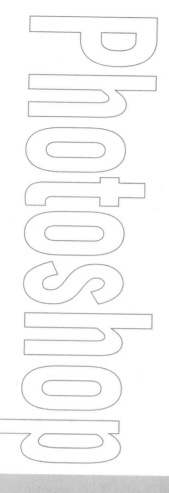

Chapter

4

第 4 章
绘制和编辑选区

本章主要介绍 Photoshop CC 中选择工具和选区的操作技巧。通过本章的学习，读者可以掌握选择工具的使用方法，并对选区进行移动、羽化、取消选择、全选和反选等调整操作。

课堂学习目标

● 掌握选择工具的使用方法

● 掌握选区的操作技巧

4.1 选择工具

对图像进行编辑，首先要选择图像。能够快捷精确地选择图像，是提高图像处理效率的关键。

4.1.1 课堂案例——抠出电商 Banner 中的美食图

⊕ 案例学习目标

学习使用不同的选择工具来选择不同形状的图像，并使用移动工具合成 Banner。

⊕ 案例知识要点

使用椭圆选框工具、磁性套索工具、多边形套索工具、魔棒工具抠出美食图像，使用移动工具合成图像，最终效果如图 4-1 所示。

⊕ 效果所在位置

资源包/Ch04/效果/抠出电商 Banner 中的美食图.psd。

抠出电商 Banner
中的美食图

图 4-1

STEP 1 按 Ctrl + O 组合键，打开资源包中的"Ch04 > 素材 > 抠出电商 Banner 中的美食图 > 02"文件，如图 4-2 所示。选择"椭圆选框工具" ◯，在 02 图像窗口中沿着美食图像边缘拖曳鼠标指针绘制选区，如图 4-3 所示。

图 4-2

图 4-3

STEP 2 按 Ctrl + O 组合键，打开资源包中的"Ch04 > 素材 > 抠出电商 Banner 中的美食图 > 01"文件，如图 4-4 所示。选择"移动工具" ✛，将 02 图像窗口选区中的图像拖曳到 01 图像窗口中适当的位置，如图 4-5 所示，在"图层"控制面板中生成了新图层，将其命名为"布丁"。

图 4-4

图 4-5

STEP 3 选择"磁性套索工具" ，在 02 图像窗口中沿着美食图像边缘拖曳鼠标指针绘制选区，如图 4-6 所示。选择"移动工具" ，将 02 图像窗口选区中的图像拖曳到 01 图像窗口中适当的位置，如图 4-7 所示，在"图层"控制面板中生成了新图层，将其命名为"草莓"。

图 4-6

图 4-7

STEP 4 选择"多边形套索工具" ，在 02 图像窗口中沿着美食图像边缘单击鼠标绘制选区，如图 4-8 所示。选择"移动工具" ，将 02 图像窗口选区中的图像拖曳到 01 图像窗口中适当的位置，如图 4-9 所示，在"图层"控制面板中生成了新图层，将其命名为"酱"。

图 4-8

图 4-9

STEP 5 按 Ctrl+O 组合键，打开资源包中的"Ch04 > 素材 > 抠出电商 Banner 中的美食图 > 03"文件。选择"魔棒工具" ，在属性栏中将"容差"选项设为 50，在 03 图像窗口的背景区域单击生成选区，如图 4-10 所示。单击属性栏中的"添加到选区"按钮 ，在图像左上角再次单击生成选区，如图 4-11 所示。

图 4-10

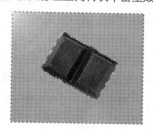

图 4-11

STEP 6 按 Shift+Ctrl+I 组合键，反选选区，如图 4-12 所示。选择"移动工具" ，将 03 图像窗口选区中的图像拖曳到 01 图像窗口中适当的位置，如图 4-13 所示，在"图层"控制面板中生成了新图层，将其命名为"巧克力"。电商 Banner 中的美食图抠出完成。

图 4-12

图 4-13

4.1.2 选框工具

选择"矩形选框工具" ⬚，或按 Shift+M 组合键切换，其属性栏状态如图 4-14 所示。

图 4-14

图 4-14 中部分选项的功能介绍如下。

新选区 ▫：去除旧选区，绘制新选区。

添加到选区 ▣：在原有选区中增加新的选区。

从选区减去 ▣：在原有选区中减去新选区的部分。

与选区交叉 ▣：选择新旧选区重叠的部分。

羽化：设定选区边界的羽化程度。

消除锯齿：清除选区边缘的锯齿。

样式：选择创建选区的方式。

选择"矩形选框工具" ⬚，在图像窗口中适当的位置单击并按住鼠标左键不放，向右下方拖曳鼠标指针绘制选区。释放鼠标左键，矩形选区绘制完成，如图 4-15 所示。按住 Shift 键拖曳鼠标指针，可以在图像窗口中绘制出正方形选区，如图 4-16 所示。

图 4-15   图 4-16

在属性栏中选择"样式"下拉列表中的"固定比例"，将"宽度"选项设为 2，"高度"选项设为 3，如图 4-17 所示。在图像中绘制比例固定的选区，效果如图 4-18 所示。单击"高度和宽度互换"按钮 ⇄，可以快速地将宽度和高度的数值互换，互换后绘制的选区效果如图 4-19 所示。

图 4-17

图 4-18   图 4-19

在属性栏中选择"样式"下拉列表中的"固定大小"，在"宽度"和"高度"数值框中输入数值，单位只能是像素，如图 4-20 所示。绘制大小固定的选区，效果如图 4-21 所示。单击"高度和宽度互换"按

钮 ，可以快速地将宽度和高度的数值互换，互换后绘制的选区效果如图 4-22 所示。

图 4-20

图 4-21

图 4-22

"椭圆选框工具"的使用方法与"矩形选框工具"基本相同，这里就不再赘述。

4.1.3 套索工具

选择"套索工具" ，或按 Shift+L 组合键切换，其属性栏状态如图 4-23 所示。

图 4-23

选择"套索工具" ，在图像窗口中适当的位置单击并按住鼠标左键不放，拖曳鼠标指针在图像上进行绘制，如图 4-24 所示，释放鼠标左键，选择的区域将自动封闭生成选区，效果如图 4-25 所示。

图 4-24

图 4-25

4.1.4 魔棒工具

选择"魔棒工具" ，或反复按 Shift+W 组合键切换，其属性栏状态如图 4-26 所示。

图 4-26

图 4-26 中部分选项的功能介绍如下。

取样大小：用于设置取样范围的大小。

容差：用于设置可容许色彩的范围，数值越大，可容许的颜色范围越大。

连续：用于选择单独的色彩范围。

对所有图层取样：用于将所有可见图层中颜色容许范围内的色彩加入选区。

选择"魔棒工具" ，在图像中单击相应的颜色区域，即可得到需要的选区，如图 4-27 所示。将"容差"选项设为 100，再次单击相应的颜色区域生成选区，效果如图 4-28 所示。

图 4-27

图 4-28

4.2 选区的操作技巧

建立选区后，可以对选区进行一系列的操作，如移动选区、羽化选区、取消选择选区以及全选和反选选区等。

4.2.1 课堂案例——制作旅游出行公众号首图

案例学习目标

学习使用魔棒工具和选区调整命令制作公众号首图。

案例知识要点

使用魔棒工具和移动工具更换背景，使用矩形选框工具、填充命令和图层控制面板制作装饰矩形，使用收缩选区命令和描边命令制作装饰框，使用移动工具添加文字，最终效果如图 4-29 所示。

效果所在位置

资源包/Ch04/效果/制作旅游出行公众号首图.psd。

图 4-29

制作旅游出行
公众号首图

STEP 1 按 Ctrl＋O 组合键，打开资源包中的"Ch04＞ 素材 ＞ 制作旅游出行公众号首图 ＞01、02"文件，如图 4-30 和图 4-31 所示。

图 4-30

图 4-31

STEP 2 选择 01 文件，双击"背景"图层，在弹出的"新建图层"对话框中进行设置，如图 4-32 所示，单击"确定"按钮，将"背景"图层转换为普通图层，如图 4-33 所示。

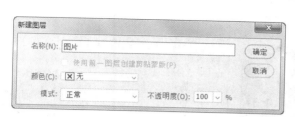

图 4-32

图 4-33

STEP 3 选择"魔棒工具" ，在属性栏中将"容差"选项设为 30，单击"添加到选区"按钮 ，在 01 图像窗口中的天空区域多次单击，使图像周围生成选区，如图 4-34 所示。按 Delete 键，将选区中的图像删除。按 Ctrl+D 组合键，取消选择选区，效果如图 4-35 所示。

图 4-34

图 4-35

STEP 4 选择"移动工具" ，将 02 图像拖曳到 01 图像窗口中适当的位置，在"图层"控制面板中生成了新图层，将其命名为"天空"，如图 4-36 所示。将"天空"图层拖曳到"图片"图层的下方，如图 4-37 所示，图像效果如图 4-38 所示。

图 4-36

图 4-37

图 4-38

STEP 5 选中"图片"图层，新建图层并将其命名为"矩形"。将前景色设为黑色。选择"矩形选框工具" ，在图像窗口中拖曳鼠标指针绘制矩形选区。按 Alt+Delete 组合键，用前景色填充选区，效果如图 4-39 所示。在"图层"控制面板上方，将该图层的"不透明度"选项设为 25%，如图 4-40 所示，按 Enter 键确定操作，图像效果如图 4-41 所示。

STEP 6 选择"选择 > 修改 > 收缩"命令，在弹出的"收缩选区"对话框中进行设置，如图 4-42 所示，单击"确定"按钮，效果如图 4-43 所示。

STEP 7 新建图层并将其命名为"边框"。选择"编辑 > 描边"命令，弹出"描边"对话框，将"宽度"选项设为 1 像素，"颜色"选项设为白色，其他的设置如图 4-44 所示，单击"确定"按钮，为选区添加描边。按 Ctrl+D 组合键，取消选择选区，效果如图 4-45 所示。

图 4-39

图 4-40

图 4-41

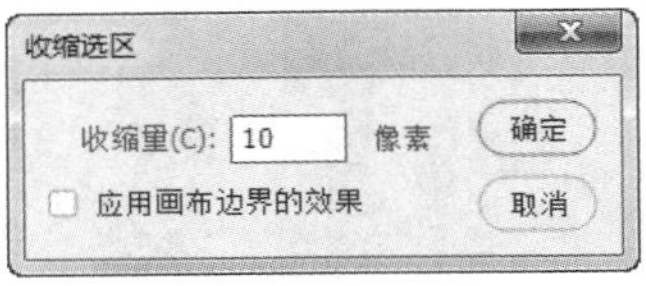

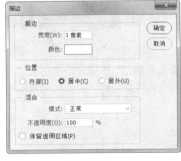

图 4-42

图 4-43

图 4-44

图 4-45

STEP 8 按 Ctrl+O 组合键，打开资源包中的"Ch04 > 素材 > 制作旅游出行公众号首图 > 03"文件。选择"移动工具" ，将 03 图像拖曳到 01 图像窗口中适当的位置，效果如图 4-46 所示，在"图层"控制面板中生成了新的图层，将其命名为"文字"。旅游出行公众号首图制作完成，效果如图 4-47 所示。

图 4-46

图 4-47

4.2.2 移动选区

选择绘制选区的工具，将鼠标指针放在选区中，鼠标指针变为 ，如图 4-48 所示。按住鼠标左键并拖曳，鼠标指针变为 ▶，将选区拖曳到其他位置，如图 4-49 所示。释放鼠标左键，即可完成选区的移动，效果如图 4-50 所示。

图 4-48

图 4-49

图 4-50

　　使用矩形和椭圆选框工具绘制选区时，不要释放鼠标左键，按住空格键拖曳鼠标指针，即可移动选区。绘制出选区后，按键盘中的方向键，可以将选区沿各方向移动 1 个像素；绘制出选区后，按 Shift+方向键组合键，可以将选区沿各方向移动 10 个像素。

4.2.3 羽化选区

　　羽化选区可以使图像产生柔和的效果。在图像中绘制不规则选区，如图 4-51 所示，选择"选择 > 修改 > 羽化"命令，弹出"羽化选区"对话框，设置羽化半径，如图 4-52 所示，单击"确定"按钮，选区就被羽化。按 Shift+Ctrl+I 组合键，反选选区，如图 4-53 所示。在选区中填充颜色后，效果如图 4-54 所示。

图 4-51

图 4-52

　　在绘制选区前，还可以在工具属性栏中直接输入羽化半径的值，绘制的选区将自动带有羽化边缘。

图 4-53

图 4-54

4.2.4 取消选择选区

　　选择"选择 > 取消选择"命令，或按 Ctrl+D 组合键，可以取消选择选区。

4.2.5 全选和反选选区

　　全选即指将图像中的所有图像全部选取。选择"选择 > 全部"命令，或按 Ctrl+A 组合键，即可选取全部图像，效果如图 4-55 所示。

　　选择"选择 > 反向"命令，或按 Shift+Ctrl+I 组合键，可以反向选取当前的选区，对比效果如图 4-56、图 4-57 所示。

图 4-55

图 4-56

图 4-57

4.3 课堂练习——制作沙发详情页主图

⊕ 练习知识要点

使用矩形选框工具、变换选区命令、羽化命令等制作沙发投影；使用移动工具添加装饰图片和文字。最终效果如图 4-58 所示。

⊕ 效果所在位置

资源包/Ch04/效果/制作沙发详情页主图.psd。

图 4-58

制作沙发详情页主图

4.4 课后习题——抠出电商 Banner 中的化妆品图

⊕ 习题知识要点

使用矩形选框工具、椭圆选框工具、多边形套索工具和魔棒工具抠出化妆品图像；调整图像大小；使用移动工具合成图像。最终效果如图 4-59 所示。

⊕ 效果所在位置

资源包/Ch04/效果/抠出电商 Banner 中的化妆品图.psd。

图 4-59

抠出电商 Banner
中的化妆品图

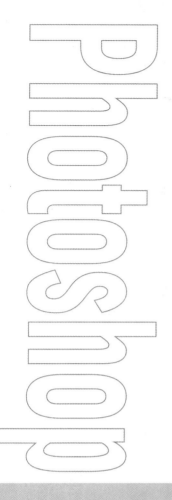

Chapter

5

第 5 章
绘制图像

本章主要介绍 Photoshop CC 中绘图工具、历史记录画笔工具、历史记录艺术画笔工具、油漆样工具、吸管工具、渐变工具以及填充命令与描边命令的使用技巧。通过本章的学习，读者可以用相关工具绘制出丰富多彩的图像效果，用填充命令与描边命令制作出多样的填充效果。

课堂学习目标

- 掌握绘图工具的使用方法
- 掌握历史记录画笔工具和历史记录艺术画笔工具的使用方法
- 掌握油漆桶工具、吸管工具和渐变工具的使用方法
- 掌握填充命令与描边命令的使用方法

5.1 绘图工具

绘图工具是使用 Photoshop 绘制和编辑图像的基础。画笔工具可以绘制出各种绘画效果，铅笔工具可以绘制出各种硬边效果的图像。

5.1.1 课堂案例——制作梦幻人物图

案例学习目标

学习使用定义画笔预设命令定义画笔工具的效果，并应用画笔工具及橡皮擦工具合成一幅装饰图像。

案例知识要点

使用定义画笔预设命令定义点图像画笔，使用画笔工具和画笔设置面板制作装饰点，使用橡皮擦工具擦除多余的点，使用高斯模糊命令为装饰点添加模糊效果，最终效果如图 5-1 所示。

效果所在位置

资源包/Ch05/效果/制作梦幻人物图.psd。

图 5-1

制作梦幻人物图

STEP 1 按 Ctrl+O 组合键，打开资源包中的"Ch05 > 素材 > 制作梦幻人物图 > 01、02"文件。如图 5-2 所示，进入 02 图像窗口。按 Ctrl+A 组合键，全选图像，效果如图 5-3 所示。

图 5-2

图 5-3

STEP 2 选择"编辑 > 定义画笔预设"命令，弹出"画笔名称"对话框，在"名称"选项文本框中输入"点.psd"，如图 5-4 所示，单击"确定"按钮，将点图像定义为画笔。

STEP 3 单击"图层"控制面板下方的"创建新图层"按钮 ▣，创建新的图层并将其命名为"装饰点 1"。将前景色设为白色。选择"画笔工具" ✐，在属性栏中单击画笔预设选项右侧的按钮 ，在弹出的"画笔预设"选取器中选择刚才定义好的点形状画笔，如图 5-5 所示。

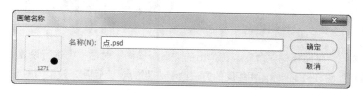

图 5-4

图 5-5

STEP 4 在属性栏中单击"切换'画笔设置'面板"按钮 ▣，弹出"画笔设置"面板，选择"形状动态"选项，切换到相应的面板进行设置，具体设置如图 5-6 所示；选择"散布"选项，切换到相应的面板进行设置，具体设置如图 5-7 所示；选择"传递"选项，切换到相应的面板中进行设置，具体设置如图 5-8 所示。

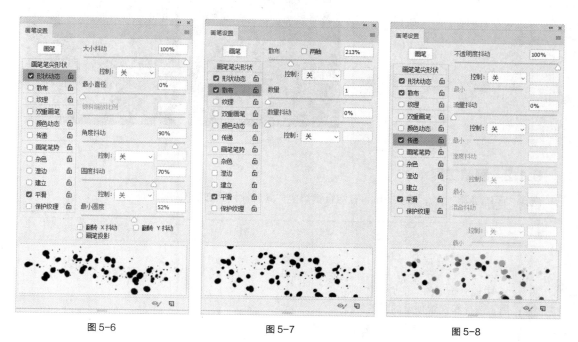

图 5-6　　　　　　　　　　图 5-7　　　　　　　　　　图 5-8

STEP 5 在图像窗口中拖曳鼠标指针绘制装饰点图形，效果如图 5-9 所示。选择"橡皮擦工具" ✐，在属性栏中单击画笔预设选项右侧的按钮 ，在弹出的"画笔预设"选取器中选择需要的形状，如图 5-10 所示。拖曳鼠标指针擦除不需要的小圆点，效果如图 5-11 所示。

图 5-9　　　　　　　　　　　图 5-10　　　　　　　　　　　图 5-11

STEP 6 选择"滤镜 ＞ 模糊 ＞ 高斯模糊"命令，在弹出的"高斯模糊"对话框中进行设置，如图 5-12 所示，单击"确定"按钮，效果如图 5-13 所示。用相同的方法绘制"装饰点 2"图层，效果如图 5-14 所示。梦幻人物图制作完成。

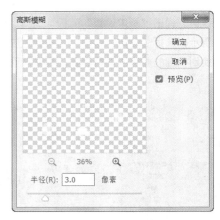

图 5-12　　　　　　　　　　　图 5-13　　　　　　　　　　　图 5-14

5.1.2　画笔工具

选择"画笔工具" ，或按 Shift+B 组合键切换，其属性栏状态如图 5-15 所示。

图 5-15

图 5-15 中部分选项的功能介绍如下。

：用于选择和设置预设的画笔。

模式：用于选择绘制的图形与现有像素的混合模式。

不透明度：用于设定画笔颜色的不透明度。

：用于对不透明度使用压力。

流量：用于设定喷笔的压力，压力越大，喷色越浓。

：用于启用喷枪模式绘制效果。

平滑：用于设置画笔边缘的平滑度。

🔧：用于设置其他平滑度选项。

🖋：始终对"大小"使用压力，在关闭时，"画笔预设"控制压力。

🔲：用于选择和设置绘制的对称选项。

选择"画笔工具"✏️，在属性栏中进行设置，如图 5-16 所示，在图像窗口中单击并按住鼠标左键不放，拖曳鼠标指针可以绘制出图 5-17 所示的效果。

图 5-16

图 5-17

在属性栏中选择"画笔"选项，弹出图 5-18 所示的"画笔预设"选取器，可以选择画笔形状。拖曳"大小"选项下方的滑块或直接输入数值，可以设置画笔的大小。如果选择的画笔是基于样本的，"恢复到原始大小"按钮 🔄 将处于可用状态，单击此按钮，可以使画笔恢复到原始大小。

单击"画笔预设"选取器右上方的 🔧 按钮，打开下拉菜单，如图 5-19 所示。

图 5-18

新建画笔预设
新建画笔组…

重命名 画笔…
删除 画笔…

✓ 画笔名称
✓ 画笔描边
　画笔笔尖

✓ 显示其他预设信息

✓ 显示近期画笔

预设管理器…

恢复默认画笔…
导入画笔…
导出选中的画笔…

获取更多画笔…

转换后的旧版工具预设
旧版画笔

图 5-19

新建画笔预设：用于建立新画笔。

新建画笔组：用于建立新的画笔组。

重命名画笔：用于重新命名画笔。

删除画笔：用于删除当前选中的画笔。

画笔名称：在"画笔预设"管理器中显示画笔名称。

画笔描边：在"画笔预设"管理器中显示画笔描边。

画笔笔尖：在"画笔预设"管理器中显示画笔笔尖。

显示其他预设信息：在"画笔预设"管理器中显示其他预设信息。

显示近期画笔：在"画笔预设"管理器中显示近期使用过的画笔。

预设管理器：用于在弹出的预置管理器对话框中编辑画笔。

恢复默认画笔：用于恢复默认的画笔列表。

导入画笔：用于将存储的画笔载入面板。

导出选中的画笔：用于将选取的画笔导出。

获取更多画笔：用于在官网上获取更多画笔形状。

转换后的旧版工具预设：将"转换后的旧版工具预设"画笔集恢复为"画笔预设"列表。

旧版画笔：将"旧版画笔"画笔集恢复为"画笔预设"列表。

在"画笔预设"管理器中单击"从此画笔创建新的预设"按钮 ，会弹出图 5-20 所示的"新建画笔"对话框。单击属性栏中的"切换画笔设置面板"按钮 ，会弹出图 5-21 所示的"画笔设置"控制面板。

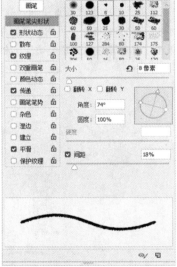

图 5-20   图 5-21

5.1.3　铅笔工具

选择"铅笔工具" ，或按 Shift+B 组合键切换，其属性栏状态如图 5-22 所示。

图 5-22

自动抹除：用于自动判断绘画时的起始点颜色，如果起始点颜色为背景色，"铅笔工具"将以前景色绘制；反之，如果起始点颜色为前景色，"铅笔工具"则会以背景色绘制。

选择"铅笔工具" ，在属性栏中选择笔触大小，勾选"自动抹除"复选框，如图 5-23 所示，此时绘制效果与起始点颜色有关，当起始点颜色与前景色相同时，"铅笔工具" 将行使"橡皮擦工具" 的功能，以背景色绘图；如果起始点颜色不是前景色，"铅笔工具" 会以前景色进行绘制。

　　将前景色和背景色分别设定为黄色和橙色，在图像窗口中单击，画出一个黄色图形，在黄色图形上单击绘制下一个图形，用相同的方法继续绘制，效果如图 5-24 所示。

图 5-23　　　　　　　　　　　　　　　　　　　　　　图 5-24

5.2　历史记录画笔工具和历史记录艺术画笔工具

　　"历史记录画笔工具"和"历史记录艺术画笔工具"主要用于将图像恢复到某一历史状态，以形成特殊的图像效果。

5.2.1　课堂案例——制作人物浮雕画

⊕ 案例学习目标

　　学会应用历史记录艺术画笔工具、调色命令和滤镜命令制作浮雕画。

⊕ 案例知识要点

　　使用新建快照命令、不透明度选项和历史记录艺术画笔工具制作浮雕画，使用去色命令和色相/饱和度命令调整图像的颜色，使用混合模式选项和浮雕效果滤镜命令为图像添加浮雕效果，最终效果如图 5-25 所示。

⊕ 效果所在位置

　　资源包/Ch05/效果/制作人物浮雕画.psd。

图 5-25

制作人物浮雕画

STEP 1 按 Ctrl + O 组合键，打开资源包中的"Ch05 > 素材 > 制作人物浮雕画 > 01"文件，如图 5-26 所示。选择"窗口 > 历史记录"命令，弹出"历史记录"控制面板，单击面板右上方的 ▤ 按钮，在弹出的菜单中选择"新建快照"命令，弹出"新建快照"对话框，如图 5-27 所示，单击"确定"按钮。

图 5-26   图 5-27

STEP 2 新建图层并将其命名为"黑色"。将前景色设为黑色。按 Alt+Delete 组合键，用前景色填充图层。在"图层"控制面板上方，将"黑色"图层的"不透明度"设为 80%，如图 5-28 所示，按 Enter 键确定操作，图像效果如图 5-29 所示。

图 5-28   图 5-29

STEP 3 新建图层并将其命名为"画笔"。选择"历史记录艺术画笔工具" ，单击属性栏中的"切换画笔设置面板"按钮 ，在弹出的"画笔设置"控制面板中进行设置，如图 5-30 所示，拖曳鼠标指针，在图像窗口中绘制图形，效果如图 5-31 所示。

图 5-30   图 5-31

STEP 4 单击"黑色"和"背景"图层左侧的眼睛图标 ◉，将"黑色"和"背景"图层隐藏，观看绘制的情况，如图 5-32 所示。继续拖曳鼠标指针进行涂抹，直到铺满整个图像窗口，显示出隐藏的图层，效果如图 5-33 所示。

图 5-32

图 5-33

STEP 5 选择"图像 > 调整 > 色相/饱和度"命令，在弹出的"色相/饱和度"对话框中进行设置，如图 5-34 所示，单击"确定"按钮，效果如图 5-35 所示。

图 5-34

图 5-35

STEP 6 将"画笔"图层拖曳到"图层"控制面板下方的"创建新图层"按钮 回 上，生成新的图层"画笔 拷贝"。选择"图像 > 调整 > 去色"命令，去除图像颜色，效果如图 5-36 所示。在"图层"控制面板上方，将"画笔 拷贝"图层的混合模式设为"叠加"，如图 5-37 所示，图像效果如图 5-38 所示。

图 5-36

图 5-37

图 5-38

STEP 7 选择"滤镜 > 风格化 > 浮雕效果"命令，在弹出的"浮雕效果"对话框中进行设置，如图 5-39 所示，单击"确定"按钮，效果如图 5-40 所示。人物浮雕画制作完成。

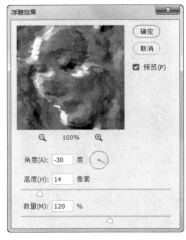

图 5-39　　　　　　　　　　　　　　　图 5-40

5.2.2　历史记录画笔工具

"历史记录画笔工具"是与"历史记录"控制面板结合起来使用的，主要用于将图像的部分区域恢复到某一历史状态，以形成特殊的图像效果。

打开一幅图像，如图 5-41 所示。为图片添加滤镜，如图 5-42 所示。此时的"历史记录"控制面板如图 5-43 所示。

图 5-41　　　　　　　　　　　图 5-42　　　　　　　　　　　图 5-43

选择"椭圆选框工具"，在属性栏中将"羽化"选项设为 50，在图像上绘制椭圆选区，如图 5-44 所示。选择"历史记录画笔工具"，在"历史记录"控制面板中单击"打开"步骤左侧的方框，设置历史记录画笔的源，方框将显示图标，如图 5-45 所示。

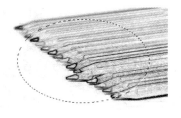

图 5-44　　　　　　　　　　　　　　　图 5-45

用"历史记录画笔工具"  在选区中涂抹,如图 5-46 所示,取消选择选区后图像效果如图 5-47 所示,"历史记录"控制面板如图 5-48 所示。

图 5-46

图 5-47

图 5-48

5.2.3 历史记录艺术画笔工具

"历史记录艺术画笔工具"和"历史记录画笔工具"的用法基本相同,二者的区别在于使用历史记录艺术画笔绘制可以产生艺术效果。

选择"历史记录艺术画笔工具" ,其属性栏状态如图 5-49 所示。

图 5-49

图 5-49 中部分选项的功能介绍如下。

样式:用于选择一种艺术笔触。

区域:用于设置画笔绘制时所覆盖的像素范围。

容差:用于设置画笔绘制时的容差。

打开一幅图像,如图 5-50 所示。用颜色填充图像,效果如图 5-51 所示。此时的"历史记录"控制面板如图 5-52 所示。

图 5-50

图 5-51

图 5-52

在"历史记录"控制面板中单击"打开"步骤左侧的方框,设置历史记录画笔的源,方框将显示  图标,如图 5-53 所示。选择"历史记录艺术画笔工具" ,在属性栏中进行设置,如图 5-54 所示。

图 5-53

图 5-54

使用"历史记录艺术画笔工具" 在图像上涂抹，效果如图5-55所示，"历史记录"控制面板如图5-56所示。

图5-55　　　　　　　　　　　　　　图5-56

5.3 油漆桶工具、吸管工具和渐变工具

渐变工具可以制作多种颜色间的渐变效果，油漆桶工具可以改变图像的色彩，吸管工具可以吸取用户需要的色彩。

5.3.1 课堂案例——绘制应用商店类 UI 图标

案例学习目标

学习使用渐变工具和填充命令制作应用商店类 UI 图标。

案例知识要点

使用路径控制面板、渐变工具和填充命令绘制应用商店类 UI 图标，最终效果如图5-57所示。

效果所在位置

资源包/Ch05/效果/绘制应用商店类 UI 图标.psd。

绘制应用商店类 UI 图标

图5-57

STEP 1 按 Ctrl+O 组合键，打开资源包中的"Ch05 > 素材 > 绘制应用商店类 UI 图标 > 01"文件，"路径"控制面板如图5-58所示。选中"路径1"，如图5-59所示，图像效果如图5-60所示。

STEP 2 新建图层并将其命名为"红色渐变"。按 Ctrl+Enter 组合键，将路径转换为选区，如图5-61所示。选择"渐变工具" ，单击属性栏中的编辑渐变按钮 ，弹出"渐变编辑器"对话框，将渐变颜色设为从橘红色（230、60、0）到浅红色（255、144、102），如图5-62所示，单击"确定"按钮。选中属性栏中的"线性渐变"按钮 ，按住 Shift 键，在矩形选区中由左至右拖曳鼠标指针填充渐变色。按 Ctrl+D 组合键取消选择选区，效果如图5-63所示。

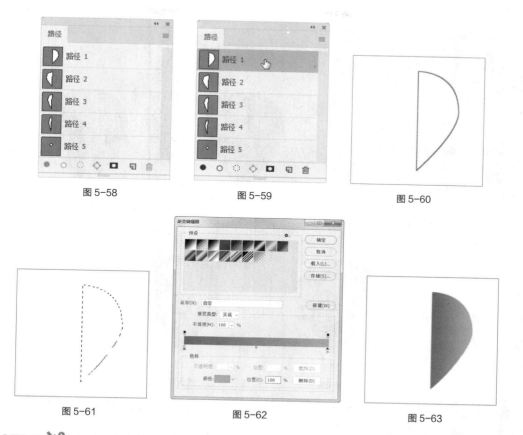

图 5-58　　　　　　　　图 5-59　　　　　　　　图 5-60

图 5-61　　　　　　　　图 5-62　　　　　　　　图 5-63

STEP 3 在"路径"控制面板中，选中"路径 2"，图像效果如图 5-64 所示。新建图层并将其命名为"蓝色渐变"。按 Ctrl+Enter 组合键，将路径转换为选区，如图 5-65 所示。

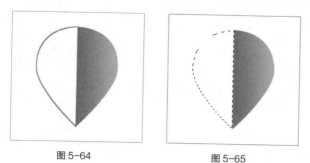

图 5-64　　　　　　　　　图 5-65

STEP 4 选择"渐变工具" ，单击属性栏中的编辑渐变按钮 ，弹出"渐变编辑器"对话框，将渐变颜色设为从蓝色（0、108、183）到浅蓝色（124、201、255），如图 5-66 所示，单击"确定"按钮。按住 Shift 键，在矩形选区中由右至左拖曳鼠标指针填充渐变色。按 Ctrl+D 组合键，取消选择选区，效果如图 5-67 所示。

STEP 5 用相同的方法分别选中"路径 3"和"路径 4"，制作绿色渐变和橙色渐变，效果如图 5-68 所示。在"路径"控制面板中，选中"路径 5"，图像效果如图 5-69 所示。新建图层并将其命名为"白色"。按 Ctrl+Enter 组合键，将路径转换为选区，如图 5-70 所示。

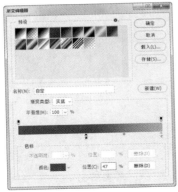

图 5-66

图 5-67

图 5-68

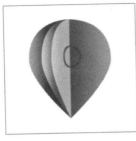

图 5-69

图 5-70

STEP 6 选择"编辑 > 填充"命令，在弹出的"填充"对话框中进行设置，如图 5-71 所示，单击"确定"按钮，效果如图 5-72 所示。

图 5-71

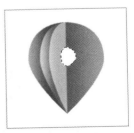

图 5-72

STEP 7 按 Ctrl+D 组合键，取消选择选区。应用商店类 UI 图标绘制完成，效果如图 5-73 所示。将图标应用在手机中，会自动应用圆角遮罩图标，呈现出圆角效果，如图 5-74 所示。

图 5-73

图 5-74

5.3.2　油漆桶工具

选择"油漆桶工具" ，或按 Shift+G 组合键切换，其属性栏状态如图 5-75 所示。

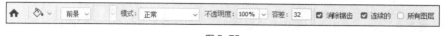

图 5-75

图 5-75 中部分选项的功能介绍如下。

 ：在该下拉列表中选择填充前景色还是填充图案。

 ：用于选择定义好的图案，仅填充图案时可用。

连续的：用于设定连续的填充方式。

所有图层：用于选择是否对所有可见图层进行填充。

选择"油漆桶工具" ，在其属性栏中对"容差"值进行不同的设定，如图 5-76、图 5-77 所示，原图像效果如图 5-78 所示。用容差值不同的"油漆桶工具"在图像中填充颜色，效果如图 5-79、图 5-80 所示。

图 5-76

图 5-77

图 5-78　　　　　图 5-79　　　　　图 5-80

在属性栏中设置图案，如图 5-81 所示，用"油漆桶工具"在图像中填充图案，效果如图 5-82 所示。

图 5-81　　　　　　　　　　图 5-82

5.3.3　吸管工具

选择"吸管工具" ，或按 Shift+I 组合键切换，其属性栏状态如图 5-83 所示。

图 5-83

选择"吸管工具" 🖊，在图像中需要的位置单击，当前的前景色将变为吸管吸取的颜色，在"信息"控制面板中将观察到吸取的颜色的色彩信息，效果如图 5-84 所示。

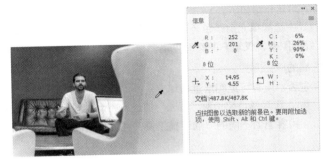

图 5-84

5.3.4 渐变工具

选择"渐变工具" ▨，或按 Shift+G 组合键切换，其属性栏状态如图 5-85 所示。

图 5-85

图 5-85 中部分选项的功能介绍如下。

▨：用于选择和编辑渐变的色彩。

▨ ▨ ▨ ▨ ▨：用于选择渐变类型，包括线性渐变、径向渐变、角度渐变、对称渐变、菱形渐变。

反向：用于反向渐变色彩。

仿色：仿色以减少带宽平滑。

透明区域：用于切换渐变透明度。

单击编辑渐变按钮 ▨，弹出"渐变编辑器"对话框，如图 5-86 所示，在其中可以自定义渐变的形式和颜色。

图 5-86

在"渐变编辑器"对话框中，单击颜色编辑框下方的适当位置，可以增加颜色色标，如图 5-87 所示。在下方的"颜色"选项中选择颜色，或双击刚建立的颜色色标，弹出"拾色器（色标颜色）"对话框，如图 5-88 所示，在其中设置颜色，单击"确定"按钮，即可改变色标颜色。在"位置"选项的数值框中输入数值或直接拖曳颜色色标，可以调整色标位置。

任意选择一个颜色色标，如图 5-89 所示，单击下方的"删除"按钮，或按 Delete 键，可以将颜色色标删除，如图 5-90 所示。

单击颜色编辑框左上方的黑色色标，如图 5-91 所示，调整"不透明度"选项的数值，可以使开始的颜色到结束的颜色显示为半透明的效果，如图 5-92 所示。

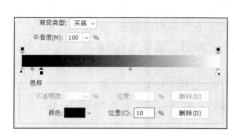

图 5-87

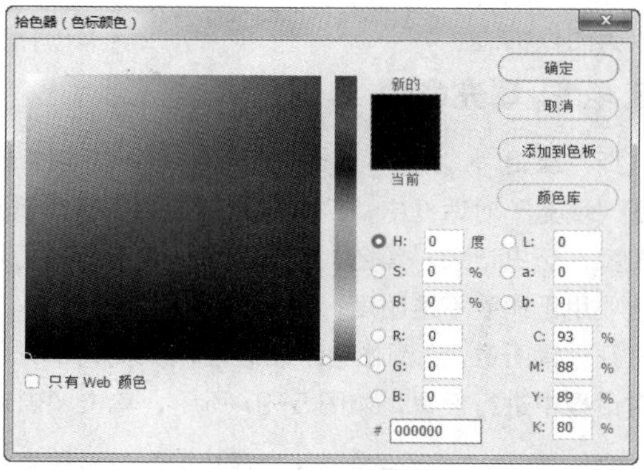

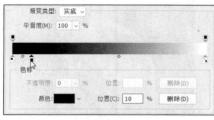（抬色器部分）

图 5-88

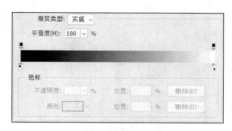

图 5-89

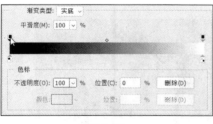

图 5-90

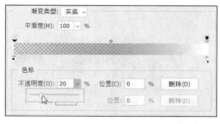

图 5-91

图 5-92

　　单击颜色编辑框的上方，添加新的色标，如图 5-93 所示，调整"不透明度"选项的数值，可以使新色标的颜色向两边呈现为过渡式的半透明效果，如图 5-94 所示。

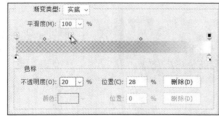

图 5-93

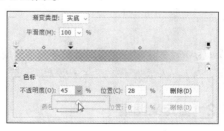

图 5-94

5.4　填充命令与描边命令

　　应用"填充"命令和"定义图案"命令可以为图像添加颜色和预先定义好的图案，应用"描边"命令可以为图像描边。

5.4.1 填充命令

选择"编辑 > 填充"命令，或按 Shift+F5 组合键，弹出"填充"对话框，如图 5-95 所示。

在"填充"对话框中，"内容"选项用于选择填充方式，包括使用前景色、背景色、颜色、内容识别、图案、历史记录、黑色、50%灰色、白色等进行填充；"模式"选项用于设置填充模式；"不透明度"选项用于调整不透明度。

打开一幅图像，在图像中绘制选区，效果如图 5-96 所示。选择"编辑 > 填充"命令，在弹出的"填充"对话框中进行设置，如图 5-97 所示，单击"确定"按钮，填充的效果如图 5-98 所示。

图 5-95

图 5-96

图 5-97

图 5-98

按 Alt+Backspace 组合键将使用前景色填充选区或图层，按 Ctrl+Backspace 组合键将使用背景色填充选区或图层，按 Delete 键将删除选区中的图像，露出背景或下面的图像。

5.4.2 自定义图案

打开一幅图像，绘制出要定义为图案的选区，如图 5-99 所示。选择"编辑 > 定义图案"命令，弹出"图案名称"对话框，如图 5-100 所示，单击"确定"按钮，图案定义完成。按 Ctrl+D 组合键取消选择选区。

选择"编辑 > 填充"命令，弹出"填充"对话框。在"自定图案"下拉列表中选择图案，如图 5-101 所示，单击"确定"按钮，填充的效果如图 5-102 所示。

图 5-99

图 5-100

图 5-101

图 5-102

在"填充"对话框的"模式"下拉列表中选择"深色"填充模式，如图 5-103 所示，单击"确定"按钮，填充的效果如图 5-104 所示。

图 5-103

图 5-104

5.4.3 描边命令

选择"编辑 > 描边"命令，弹出"描边"对话框，如图 5-105 所示。

描边：用于设定边线的宽度和颜色。

位置：用于设定所描边线相对于区域边缘的位置，包括内部、居中和居外 3 个选项。

混合：用于设置描边模式、不透明度以及是否保留透明区域。

打开一幅图像，在图像窗口中绘制出选区，如图 5-106 所示。选择"编辑 > 描边"命令，在弹出的"描边"对话框中进行设置，如图 5-107 所示，单击"确定"按钮，描边选区。取消选择选区后，效果如图 5-108 所示。

在"描边"对话框的"模式"下拉列表中选择"差值"描边模式，如图 5-109 所示，单击"确定"按钮，描边选区。取消选择选区后，效果如图 5-110 所示。

图 5-105　　　　　　　　　　　图 5-106

图 5-107　　　　　　　　　　　图 5-108

图 5-109　　　　　　　　　　　图 5-110

5.5　课堂练习——制作珠宝网站详情页主图

练习知识要点

　　使用画笔工具和画笔设置控制面板绘制高光和星光，使用移动工具添加相关信息，最终效果如图 5-111 所示。

效果所在位置

　　资源包/Ch05/效果/制作珠宝网站详情页主图.psd。

图 5-111

制作珠宝网站
详情页主图

5.6　课后习题——制作健康出行类书籍插图

⊕ 习题知识要点

　　使用矩形选框工具、定义图案命令和填充命令制作背景图案，使用移动工具添加踏板车和文字，最终效果如图 5-112 所示。

⊕ 效果所在位置

　　资源包/Ch05/效果/制作健康出行类书籍插图.psd。

图 5-112

制作健康出行类
书籍插图

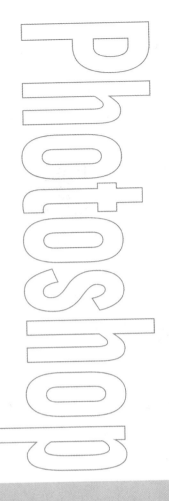

Chapter

6

第 6 章
修饰图像

本章主要介绍 Photoshop CC 中修饰图像的方法与技巧。通过本章的学习，读者将了解和掌握修饰图像的基本方法与操作技巧，应用相关工具快速地仿制图像、修复污点、消除红眼等，把有缺陷的图像修复完整。

课堂学习目标

- 掌握修复与修补工具的运用方法
- 掌握修饰工具的使用技巧
- 掌握擦除工具的使用技巧

6.1　修复与修补工具

使用修复工具对图像的细微部分进行修整，是处理图像时不可缺少的步骤。

6.1.1　课堂案例——修复人物头像

案例学习目标

学习使用修复画笔工具修饰人物头像。

案例知识要点

使用污点修复画笔工具去除人物脸上的斑点，使用修复画笔工具修复人物眼角的皱纹，最终效果如图 6-1 所示。

效果所在位置

资源包/Ch06/效果/修复人物头像.psd

图 6-1

修复人物头像

STEP 1 按 Ctrl+O 组合键，打开资源包中的"Ch06 > 素材 > 修复人物头像 > 01"文件，如图 6-2 所示。将"背景"图层拖曳到"图层"控制面板下方的"创建新图层"按钮上，生成新的图层"背景 复制"，如图 6-3 所示。

图 6-2

图 6-3

STEP 2 选择"缩放工具"，将图像的局部放大。选择"污点修复画笔工具"，在属性栏中单击画笔预设选项右侧的按钮，在弹出的"画笔预设"选取器中设置修复画笔的大小，如图 6-4 所示。在右眼上方需要修复的斑点处单击，效果如图 6-5 所示。按[键或]键，适当调整画笔大小，用相同的方法在脸部其他位置进行多次操作，将所有斑点全部消除，效果如图 6-6 所示。

图 6-4 图 6-5 图 6-6

STEP 3 选择"修复画笔工具" ，按住 Alt 键，在人物面部皮肤没有瑕疵的地方单击选择取样点，如图 6-7 所示。用鼠标指针在要去除的眼角皱纹上涂抹，取样点区域的图像将应用到涂抹的眼角皱纹上，如图 6-8 所示。

STEP 4 进行多次操作，将左眼眼角的皱纹全部消除。用相同的方法将右眼眼角的皱纹消除，效果如图 6-9 所示。人物头像修复完成。

图 6-7 图 6-8 图 6-9

6.1.2 修补工具

选择"修补工具" ，或按 Shift+J 组合键切换，其属性栏状态如图 6-10 所示。

图 6-10

用"修补工具" 圈选图像中的茶杯，如图 6-11 所示。选择修补工具属性栏中的"源"选项，在选区中单击并按住鼠标左键，移动鼠标指针将选区中的图像拖曳到需要的位置，如图 6-12 所示。释放鼠标左键，选区中的图像被新选取的图像所替代，效果如图 6-13 所示。按 Ctrl+D 组合键取消选择选区，修补的效果如图 6-14 所示。

图 6-11 图 6-12

图 6-13

图 6-14

选择修补工具属性栏中的"目标"选项，用"修补工具" ，圈选图像中的区域，如图 6-15 所示。将选区拖曳到要修补的图像区域，如图 6-16 所示，第一次选中的图像遮住了茶杯，如图 6-17 所示。按 Ctrl+D 组合键取消选择选区，效果如图 6-18 所示。

图 6-15

图 6-16

图 6-17

图 6-18

6.1.3　修复画笔工具

选择"修复画笔工具" ，或按 Shift+J 组合键切换，其属性栏状态如图 6-19 所示。

图 6-19

图 6-19 中部分选项的功能介绍如下。

 ：可以选择和设置修复的画笔，单击此选项，在弹出的面板中设置画笔的大小、硬度、间距、角度、圆度和压力大小，如图 6-20 所示。

模式：可以选择复制像素或填充图案与底图的混合模式。

源：可以设置修复区域的源。选择"取样"选项后，按住 Alt 键，鼠标指针变为圆形十字图标 ，单击确定样本的取样点，在图像中要修复的位置单击并按住鼠标左键，拖曳选项即可复制取样点的图像；选择"图案"选项后，在右侧选择图案或自定义图案来填充图像。

对齐：勾选此复选框，下一次的复制位置会和上一次的完全重合，图像不会因为重新复制而出现错位。

图 6-20

样本：可以选择样本的取样图层。

[图]：可以在修复时忽略调整层。

扩散：可以调整扩散的程度。

"修复画笔"工具可以将取样点的像素信息非常自然地复制到图像破损的位置，并保持图像的亮度、饱和度、纹理等属性。使用"修复画笔工具"修复照片的过程如图 6-21～图 6-23 所示。

图 6-21

图 6-22

图 6-23

单击属性栏中的切换仿制源面板按钮[图]，弹出"仿制源"控制面板，如图 6-24 所示。

仿制源：单击按钮后，按住 Alt 键，使用修复画笔工具在图像中单击可以设置取样点，单击下一个仿制源按钮，可以继续取样。

源：指定 x 轴和 y 轴的像素位移，可以在相对于取样点的精确位置进行仿制。

W/H：可以缩放所仿制的源。

旋转：在文本框中输入旋转角度，可以旋转仿制源。

翻转：单击"水平翻转"按钮[图]或"垂直翻转"按钮[图]，可以水平或垂直翻转仿制源。

复位变换[图]：将 W、H、角度值和翻转方向恢复到默认的状态。

图 6-24

帧位移：输入帧数，可以使用与初始取样的帧相关的特定帧进行绘制，输入正值时要使用的帧在初始取样的帧之后，输入负值时要使用的帧在初始取样的帧之前。

锁定帧：勾选此复选框，则总是使用初始取样的相同帧进行绘制。

显示叠加：勾选此复选框并设置了叠加方式后，在使用修复工具时，可以更好地查看叠加效果及下面的图像。

不透明度：用来设置叠加图像的不透明度。

已剪切：可以将叠加剪切为画笔大小。

自动隐藏：可以在应用绘画描边时隐藏叠加图像。

反相：可以反相叠加颜色。

6.1.4 污点修复画笔工具

使用"污点修复画笔工具"不需要制定样本点，系统会自动从所修复区域的周围取样。

选择"污点修复画笔工具"[图]，或按 Shift+J 组合键切换，其属性栏状态如图 6-25 所示。

图 6-25

原始图像如图 6-26 所示，选择"污点修复画笔工具" ，在"污点修复画笔工具"属性栏中进行设置，如图 6-27 所示，在要修复的污点图像上拖曳鼠标指针，如图 6-28 所示，释放鼠标左键，污点被去除，效果如图 6-29 所示。

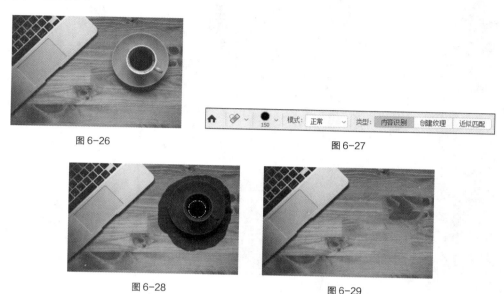

图 6-26

图 6-27

图 6-28

图 6-29

6.1.5　内容感知移动工具

"内容感知移动工具"可以移动选中的对象或将其扩展到图像的其他区域进行重组和混合，从而产生出色的视觉效果。选择"内容感知移动工具" ，或按 Shift+J 组合键切换，其属性栏状态如图 6-30 所示。

图 6-30

图 6-30 中部分选项的功能介绍如下。

模式：用于选择重新混合的模式。

结构：调整源结构的保留严格程度。

颜色：用于调整可修改源颜色的程度。

投影时变换：勾选此复选框，可以在制作混合时变换图像。

打开一幅图像，选择"内容感知移动工具" ，在属性栏中将"模式"选项设为"移动"，在图像窗口中单击并拖曳鼠标指针绘制选区，如图 6-31 所示。将鼠标指针置于选区中，单击并向上拖曳，软件自动将选区中的图像移动到新位置，同时出现变换框，如图 6-32 所示。拖曳鼠标指针旋转图形，如图 6-33 所示。按 Enter 键确定操作，原位置被周围的图像自动修复。取消选择选区后，效果如图 6-34 所示。

打开一幅图像，选择"内容感知移动工具" ，在属性栏中将"模式"选项设为"扩展"，在图像窗口中单击并拖曳鼠标指针绘制选区，如图 6-35 所示。将鼠标指针置于选区中，单击并向上拖曳，软件自动将选区中的图像扩展复制并移动到新位置，同时出现变换框，如图 6-36 所示。拖曳鼠标指针旋转图形，如图 6-37 所示，按 Enter 键确定操作。取消选择选区后，效果如图 6-38 所示。

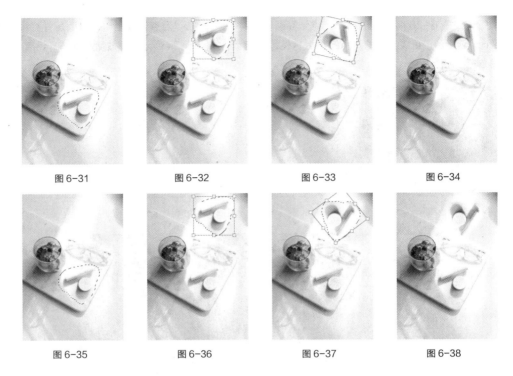

图 6-31   图 6-32   图 6-33   图 6-34

图 6-35   图 6-36   图 6-37   图 6-38

6.1.6　课堂案例——修复人物照片

案例学习目标

学习使用多种修图工具修复人物照片。

案例知识要点

使用缩放工具调整图像显示比例，使用红眼工具去除人物红眼，使用污点修复画笔工具修复雀斑和痘印，使用修补工具修复眼袋和颈部皱纹，使用仿制图章工具去除项链，最终效果如图 6-39 所示。

效果所在位置

资源包/Ch06/效果/修复人物照片.psd。

图 6-39

修复人物照片

STEP 1 按 Ctrl+N 组合键，弹出"新建文档"对话框，设置宽度为 200 像素、高度为 200 像素、分辨率为 72 像素/英寸、颜色模式为 RGB、背景内容为白色，单击"创建"按钮，新建文档。

STEP 2 按 Ctrl+O 组合键，打开资源包中的"Ch06 > 素材 > 修复人物照片 > 01"文件，如

图 6-40 所示。按 Ctrl+J 组合键,复制"背景"图层,在"图层"控制面板中生成新的图层"图层 1"。

STEP 3 选择"缩放工具" 🔍,鼠标指针变为放大工具图标 🔍,单击将图像放大,如图 6-41 所示。

图 6-40   图 6-41

STEP 4 选择"红眼工具" 👁,在属性栏中进行设置,如图 6-42 所示,在人物左侧的眼睛上单击,去除红眼,效果如图 6-43 所示。用相同的方法去除右侧的红眼,效果如图 6-44 所示。

| +👁 ∨ | 瞳孔大小: 23% ∨ | 变暗量: 100% ∨ |

图 6-42   图 6-43   图 6-44

STEP 5 选择"污点修复画笔工具" ✏,将鼠标指针放置在要修复的污点上,如图 6-45 所示,单击去除污点,效果如图 6-46 所示。用相同的方法去除脸部所有雀斑、痘印和发丝,效果如图 6-47 所示。

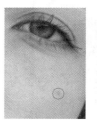

图 6-45   图 6-46   图 6-47

STEP 6 选择"修补工具" ⚙,在图像窗口中圈选眼袋部分,如图 6-48 所示,按住鼠标左键将选区拖曳到适当的位置,如图 6-49 所示,释放鼠标左键,修补眼袋。按 Ctrl+D 组合键取消选择选区,效果如图 6-50 所示。用相同的方法修补眼袋和颈部皱纹,效果如图 6-51 所示。

图 6-48   图 6-49   图 6-50   图 6-51

STEP 7 选择"仿制图章工具" ，在属性栏中单击画笔预设选项右侧的按钮 ，弹出"画笔预设"选取器，选择需要的画笔形状并设置其大小，如图 6-52 所示。将鼠标指针放置在颈部需要取样的位置，按住 Alt 键，鼠标指针变为圆形十字图标 ，如图 6-53 所示，单击确定取样点。

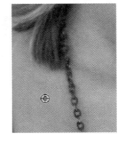

图 6-52   图 6-53

STEP 8 将鼠标指针放置在需要修复的项链上，如图 6-54 所示，单击去掉项链，效果如图 6-55 所示。用相同的方法去除颈部的项链，效果如图 6-56 所示。

STEP 9 选择"移动工具" ，将图像拖曳到新建的图像窗口中适当的位置。按 Ctrl+T 组合键，图像周围出现变换框，拖曳鼠标指针调整图像的大小和位置，按 Enter 键确定操作，效果如图 6-57 所示，在"图层"控制面板中生成新的图层。人物照片修复完成。

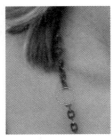
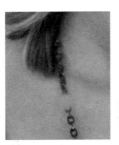

图 6-54   图 6-55   图 6-56   图 6-57

6.1.7 仿制图章工具

"仿制图章工具"可以以指定的像素点为复制基准点，将其周围的图像复制到其他位置。

选择"仿制图章工具" ，或按 Shift+S 组合键切换，其属性栏状态如图 6-58 所示。

图 6-58

图 6-58 中部分选项的功能介绍如下。

流量：用于设定描边扩散的速度。

对齐：用于控制是否在复制时使用对齐功能。

选择"仿制图章工具" ，将鼠标指针放置在图像中需要复制的位置，按住 Alt 键，鼠标指针变为圆形十字图标 ，如图 6-59 所示，单击确定取样点，释放鼠标左键。在适当的位置单击并按住鼠标左键不放，拖曳复制取样点的图像，效果如图 6-60 所示。

图 6-59　　　　　　　　　　　　　　　图 6-60

6.1.8　图案图章工具

选择"图案图章工具"，或按 Shift+S 组合键切换，其属性栏状态如图 6-61 所示。

图 6-61

在要定义为图案的图像上绘制选区，如图 6-62 所示。选择"编辑 > 定义图案"命令，弹出"图案名称"对话框，如图 6-63 所示，单击"确定"按钮，定义选区中的图像为图案。

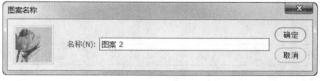

图 6-62　　　　　　　　　　　　　　　图 6-63

选择"图案图章工具"，在属性栏中选择定义好的图案，如图 6-64 所示。按 Ctrl+D 组合键取消选择选区。在适当的位置单击并按住鼠标左键不放，拖曳复制定义好的图案，效果如图 6-65 所示。

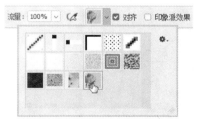
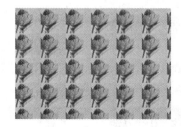

图 6-64　　　　　　　　　　　　　　　图 6-65

6.1.9　颜色替换工具

"颜色替换工具"能够替换图像中的特定颜色，并且可以使用校正颜色在目标颜色上绘画。"颜色替换工具"不适用于"位图"、"索引"或"多通道"颜色模式的图像。

选择"颜色替换工具"，或按 Shift+B 组合键切换，其属性栏状态如图 6-66 所示。

图 6-66

打开一幅图像，如图 6-67 所示。在"颜色"控制面板中设置前景色，如图 6-68 所示。在"色板"控制面板中单击"创建前景色的新色板"按钮 ，弹出对话框，单击"确定"按钮，将设置的前景色存放在控制面板中，如图 6-69 所示。

图 6-67

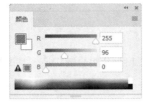

图 6-68

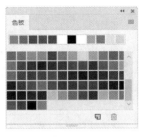

图 6-69

选择"颜色替换工具" ，在属性栏中进行设置，如图 6-70 所示。在图像中需要上色的区域直接涂抹进行上色，效果如图 6-71 所示。

图 6-70

图 6-71

6.1.10 红眼工具

选择"红眼工具" ，或按 Shift+J 组合键切换，其属性栏状态如图 6-72 所示。

瞳孔大小：用于设置瞳孔的大小。

变暗量：用于设置瞳孔的暗度。

图 6-72

6.2 修饰工具

修饰工具用于对图像进行修饰，能使图像产生不同的变化效果。

6.2.1 课堂案例——修饰产品图片

案例学习目标

学习使用多种修饰工具修饰产品图片。

⊕ **案例知识要点**

使用锐化工具、模糊工具、加深工具和减淡工具美化产品，最终效果如图 6-73 所示。

⊕ **效果所在位置**

资源包/Ch06/效果/修饰产品图片.psd。

修饰产品图片

图 6-73

STEP 1 按 Ctrl + O 组合键，打开资源包中的"Ch06 > 素材 > 修饰产品图片 > 01"文件，如图 6-74 所示。按 Ctrl+J 组合键复制图层，如图 6-75 所示。

图 6-74

图 6-75

STEP 2 选择"锐化工具"△，在属性栏中单击画笔选项右侧的按钮，在弹出的"画笔预设"选取器中选择需要的画笔形状，如图 6-76 所示。在产品脸部拖曳鼠标指针，锐化图像，效果如图 6-77 所示。用相同的方法锐化图像的其他部分，效果如图 6-78 所示。

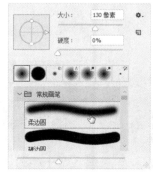

图 6-76

图 6-77

图 6-78

STEP 3 选择"加深工具" ，在属性栏中单击画笔选项右侧的按钮 ，在弹出的"画笔预设"选取器中选择需要的画笔形状，如图 6-79 所示。在帽子的阴影区域拖曳鼠标，加深该区域，效果如图 6-80 所示。用相同的方法加深图像的其他部分，效果如图 6-81 所示。

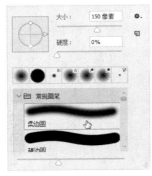

图 6-79   图 6-80   图 6-81

STEP 4 选择"减淡工具" ，在属性栏中单击画笔选项右侧的按钮 ，在弹出的"画笔预设"选取器中选择需要的画笔形状，如图 6-82 所示。在帽子的高光区域拖曳鼠标指针，减淡图像，效果如图 6-83 所示。用相同的方法减淡图像的其他部分，效果如图 6-84 所示。

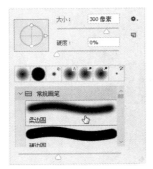

图 6-82   图 6-83   图 6-84

STEP 5 选择"模糊工具" ，在属性栏中单击画笔选项右侧的按钮 ，在弹出的"画笔预设"选取器中选择需要的画笔形状，如图 6-85 所示。在图像背景适当的位置拖曳鼠标指针，模糊图像，效果如图 6-86 所示。用相同的方法模糊图像的其他部分，效果如图 6-87 所示。

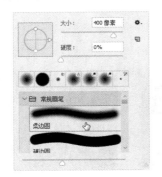

图 6-85   图 6-86   图 6-87

STEP 6 按 Ctrl+N 组合键，弹出"新建文档"对话框，设置宽度为 200 像素、高度为 200 像素、分辨率为 72 像素/英寸、颜色模式为 RGB、背景内容为白色，单击"创建"按钮，新建文档。

STEP 7 选择"移动工具" ⊕，将产品图片拖曳到新建的图像窗口中适当的位置。按 Ctrl+T 组合键，图像周围出现变换框，拖曳鼠标指针调整图像的大小和位置，按 Enter 键确定操作，效果如图 6-88 所示，在"图层"控制面板中生成新的图层。

STEP 8 单击"图层"控制面板下方的"创建新的填充或调整图层"按钮 ●，在弹出的菜单中选择"亮度/对比度"命令，在"图层"控制面板创建"亮度/对比度 1"图层，在弹出的"亮度/对比度"面板中进行设置，如图 6-89 所示，按 Enter 键确定操作，图像效果如图 6-90 所示。产品图片修饰完成。

图 6-88　　　　　　　　　　　图 6-89　　　　　　　　　　　图 6-90

6.2.2　模糊工具

选择"模糊工具" ◌，其属性栏状态如图 6-91 所示。

图 6-91

图 6-91 中部分选项的功能介绍如下。

强度：用于设定压力的大小。

对所有图层取样：用于确定操作是否对所有可见层起作用。

选择"模糊工具" ◌，在属性栏中进行设置，如图 6-92 所示。在图像窗口中单击并按住鼠标左键不放，拖曳使图像产生模糊效果。原图像和模糊后的图像如图 6-93 所示。

图 6-92

图 6-93

6.2.3 锐化工具

选择"锐化工具" △ ，其属性栏状态如图 6-94 所示。

图 6-94

选择"锐化工具" △ ，在属性栏中进行设置，如图 6-95 所示。在图像窗口中单击并按住鼠标左键不放，拖曳使图像产生锐化效果。原图像和锐化后的图像如图 6-96 所示。

图 6-95

图 6-96

6.2.4 加深工具

选择"加深工具" ，或按 Shift+O 组合键切换，其属性栏状态如图 6-97 所示。

图 6-97

选择"加深工具" ，在属性栏中进行设置，如图 6-98 所示。在图像窗口中单击并按住鼠标左键不放，拖曳加深图像。原图像和加深后的图像如图 6-99 所示。

图 6-98

图 6-99

6.2.5 减淡工具

选择"减淡工具" ，或按 Shift+O 组合键切换，其属性栏状态如图 6-100 所示。

图 6-100

图 6-100 中部分选项的功能介绍如下。

范围：用于设定图像中所要提高亮度的区域。

曝光度：用于设定曝光的强度。

选择"减淡工具" ，在属性栏中进行设置，如图 6-101 所示。在图像窗口中单击并按住鼠标左键不放，拖曳减淡图像。原图像和减淡后的图像如图 6-102 所示。

图 6-101

图 6-102

6.2.6 海绵工具

选择"海绵工具" ，或按 Shift+O 组合键切换，其属性栏状态如图 6-103 所示。

图 6-103

选择"海绵工具" ，在属性栏中进行设置，如图 6-104 所示。在图像窗口中单击并按住鼠标左键不放，拖曳增加图像色彩饱和度。原图像和调整后的图像如图 6-105 所示。

图 6-104

图 6-105

6.2.7 涂抹工具

选择"涂抹工具" ，其属性栏状态如图 6-106 所示。

图 6-106

图 6-106 中部分选项的功能介绍如下。

手指绘画：用于设定是否按前景色进行涂抹。

选择"涂抹工具" ，在属性栏中进行设置，如图 6-107 所示。在图像窗口中单击并按住鼠标左键不放，拖曳使图像产生涂抹效果。原图像和涂抹后的图像如图 6-108 所示。

图 6-107

图 6-108

6.3 擦除工具

擦除工具包括"橡皮擦工具"、"背景橡皮擦工具"和"魔术橡皮擦工具"，应用擦除工具可以擦除指定图像的颜色，还可以擦除颜色相近区域中的图像。

6.3.1 橡皮擦工具

选择"橡皮擦工具" ，或按 Shift+E 组合键切换，其属性栏状态如图 6-109 所示。

图 6-109

图 6-109 中部分选项的功能介绍如下。

抹到历史记录：用于设定以"历史记录"控制面板中确定的图像状态来擦除图像。

选择"橡皮擦工具" ，在图像窗口中单击并拖曳，可以擦除图像。当图层为"背景"图层或锁定了透明区域的图层时，擦除后的图像显示为背景色，效果如图 6-110 所示。当图层为普通层时，擦除后的图像显示为透明，效果如图 6-111 所示。

图 6-110   图 6-111

6.3.2　背景橡皮擦工具

选择"背景橡皮擦工具" ，或按 Shift+E 组合键切换，其属性栏状态如图 6-112 所示。

图 6-112

图 6-112 中部分选项的功能介绍如下。

限制：用于选择抹除的操作范围。

容差：用于设定容差值。

保护前景色：用于保护前景色不被擦除。

选择"背景橡皮擦工具" ，在属性栏中进行设置，如图 6-113 所示。在图像窗口中擦除图像，擦除前后的对比效果如图 6-114、图 6-115 所示。

图 6-113

图 6-114　　　　　　　　图 6-115

6.3.3　魔术橡皮擦工具

选择"魔术橡皮擦工具" ，或按 Shift+E 组合键切换，其属性栏状态如图 6-116 所示。

图 6-116 中部分选项的功能介绍如下。

连续：用于擦除当前图层中连续的像素。

对所有图层取样：用于确认所有图层中待擦除的区域。

选择"魔术橡皮擦工具" ，保持属性栏中的选项为默认值，在图像窗口中擦除图像，效果如图 6-117 所示。

图 6-116　　　　　　　　　　　　图 6-117

6.4 课堂练习——修复公众号封面人物图

⊕ 练习知识要点

使用缩放工具调整图像大小，使用仿制图章工具消除碎发，使用修复画笔工具和污点修复画笔工具消除雀斑，使用加深工具修饰头发和嘴唇，使用减淡工具修饰脸部，最终效果如图 6-118 所示。

⊕ 效果所在位置

资源包/Ch06/效果/修复公众号封面人物图.psd。

图 6-118

修复公众号封面人物图

6.5 课后习题——修复美妆运营海报图

⊕ 习题知识要点

使用仿制图章工具清除照片中多余的碎发，最终效果如图 6-119 所示。

⊕ 效果所在位置

资源包/Ch06/效果/修复美妆运营海报图.psd。

图 6-119

修复美妆运营海报图

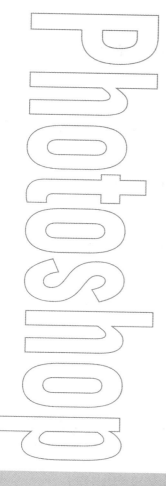

Chapter
7

第 7 章
编辑图像

本章主要介绍 Photoshop CC 中编辑图像的基础方法，包括应用图像编辑工具、复制或删除图像、裁切图像、变换图像等。通过本章的学习，读者将了解并掌握图像的编辑方法和应用技巧，从而快速地对图像进行适当的编辑与调整。

课堂学习目标

- 掌握图像编辑工具的使用方法
- 掌握图像的复制和删除技巧
- 掌握图像的裁切和变换技巧

7.1 图像编辑工具

使用图像编辑工具对图像进行编辑和整理，可以提高用户编辑和处理图像的效率。

7.1.1 课堂案例——制作展示油画

案例学习目标

学习使用图像编辑工具对图像进行裁剪和添加注释。

案例知识要点

使用标尺工具和裁剪工具裁剪照片，使用注释工具为图像添加注释，最终效果如图 7-1 所示。

效果所在位置

资源包/Ch07/效果/制作展示油画.psd。

制作展示油画

图 7-1

STEP 1 按 Ctrl+O 组合键，打开资源包中的"Ch07 > 素材 > 制作展示油画 > 01"文件，如图 7-2 所示。选择"标尺工具" ，在图像窗口的左下方单击并按住鼠标左键，向右下方拖曳出测量的标尺，确定测量的终点释放鼠标左键，如图 7-3 所示。

图 7-2

图 7-3

STEP 2 单击属性栏中的"拉直图层"按钮 拉直图层 ，拉直图像，效果如图 7-4 所示。选择"裁剪工具" ，在图像窗口中拖曳鼠标指针，绘制矩形裁切框，按 Enter 键确定操作，效果如图 7-5 所示。

图 7-4

图 7-5

STEP 3 按 Ctrl+O 组合键，打开资源包中的"Ch07 > 素材 > 制作展示油画 > 02"文件，如图 7-6 所示。选择"魔棒工具" ✐，在属性栏中将"容差"选项设为 32，勾选"连续"复选框。在图像窗口中的白色矩形区域单击，图像周围生成选区，如图 7-7 所示。

图 7-6　　　　　　　　　　　　　图 7-7

STEP 4 选择"选择 > 修改 > 扩展"命令，在弹出的"扩展选区"对话框中进行设置，如图 7-8 所示，单击"确定"按钮，将选区扩大。按 Ctrl+J 组合键，将选区中的图像复制到新图层，在"图层"控制面板中生成了新的图层，将其命名为"白色矩形"，如图 7-9 所示。

图 7-8　　　　　　　　　　　　　图 7-9

STEP 5 单击"图层"控制面板下方的"添加图层样式"按钮 *fx*，在弹出的菜单中选择"内阴影"命令，在弹出的"图层样式"对话框中进行设置，如图 7-10 所示。单击"确定"按钮，效果如图 7-11 所示。

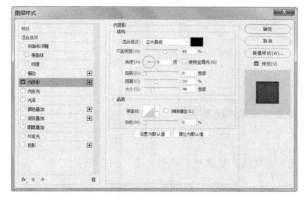 

图 7-10　　　　　　　　　　　　　图 7-11

STEP 6 选择"移动工具" ✥，将 01 图像拖曳到 02 图像窗口中，并调整其大小和位置，效果如图 7-12 所示，在"图层"控制面板中生成了新的图层，将其命名为"画"。按 Alt+Ctrl+G 组合键，创建剪贴蒙版，效果如图 7-13 所示。

图 7-12　　　　　　　　　　　图 7-13

STEP 7 选择"注释工具" ，在图像窗口中单击，弹出"注释"控制面板，在面板中输入文字，如图 7-14 所示。展示油画制作完成，效果如图 7-15 所示。

图 7-14　　　　　　　　　　　图 7-15

7.1.2　注释工具

"注释工具"可以为图像增加文字注释。

选择"注释工具" ，或按 Shift+I 组合键切换，其属性栏状态如图 7-16 所示。

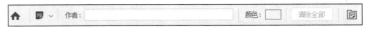

图 7-16

作者：用于输入作者姓名。

颜色：用于设置注释窗口的颜色。

清除全部 ：用于清除所有注释。

显示或隐藏注释面板 ：用于打开注释面板编辑注释文字。

7.1.3　标尺工具

选择"标尺工具" ，或按 Shift+I 组合键切换，其属性栏状态如图 7-17 所示。

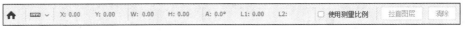

图 7-17

X/Y：起始位置坐标。

W/H：在 x/y 轴上移动的水平/垂直距离。

A：相对于坐标轴偏离的角度。

L1：两点间的距离。

L2：绘制角度时另一条测量线的长度。

使用测量比例：使用测量比例计算标尺工具数据。

拉直图层 ：拉直图层使标尺水平。

清除 ：清除测量线。

7.2 图像的复制和删除

在 Photoshop CC 2019 中，用户可以非常便捷地移动、复制和删除图像。

7.2.1 课堂案例——制作汉堡新品宣传图

⊕ 案例学习目标

学习使用移动工具移动、复制图像。

⊕ 案例知识要点

使用移动工具和复制命令制作装饰图形，使用变换命令变换图形，使用画笔工具绘制阴影，使用矩形工具和椭圆工具绘制装饰图形，使用横排文字工具和直排文字工具添加文字，最终效果如图 7-18 所示。

⊕ 效果所在位置

资源包/Ch07/效果/制作汉堡新品宣传图.psd。

图 7-18

制作汉堡新品宣传图

STEP↘1 按 Ctrl + O 组合键，打开资源包中的"Ch07 > 素材 > 制作汉堡新品宣传图 > 01、02"文件，如图 7-19 所示。选择"移动工具" ⊕，将 02 图像拖曳到 01 图像窗口中适当的位置，效果如图 7-20 所示，在"图层"控制面板中生成了新的图层，将其命名为"蔬菜"。

图 7-19　　　　　　　　　　　　　　　　　　图 7-20

STEP 2 选择"移动工具" ⊕，按住 Alt 键将蔬菜图像拖曳到适当的位置，复制图像，效果如图 7-21 所示。按 Ctrl+T 组合键，图像周围出现变换框，在变换框中右击，在弹出的菜单中选择"水平翻转"或"垂直翻转"命令，水平或垂直翻转图像，按 Enter 键确定操作，效果如图 7-22 所示。

图 7-21

图 7-22

STEP 3 新建图层并将其命名为"投影 1"。将前景色设为黑色。选择"画笔工具" ✍，在属性栏中单击画笔选项右侧的 ∨，弹出"画笔预设"选取器，在面板中选择需要的画笔形状，如图 7-23 所示。在图像窗口中绘制投影，效果如图 7-24 所示。

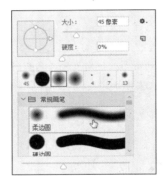
图 7-23

图 7-24

STEP 4 在"图层"控制面板中，将"投影 1"图层拖曳到"蔬菜"图层的下方，如图 7-25 所示，图像效果如图 7-26 所示。

图 7-25

图 7-26

STEP 5 选择"蔬菜拷贝"图层。按 Ctrl + O 组合键，打开资源包中的"Ch07 > 素材 > 制作汉堡新品宣传图 > 03"文件。选择"移动工具" ⊕，将 03 图像拖曳到 01 图像窗口中适当的位置，效果如图 7-27 所示，在"图层"控制面板中生成了新的图层，将其命名为"红椒"。按住 Alt 键将红椒图像拖曳到适当的位置，复制图像，效果如图 7-28 所示。

图 7-27　　　　　　　　　　　　　　　　图 7-28

STEP　6 按 Ctrl+T 组合键，图像周围出现变换框，在变换框中右击，在弹出的菜单中选择"水平翻转"命令，水平翻转图像，按 Enter 键确定操作，效果如图 7-29 所示。在"图层"控制面板中，将"红椒 拷贝"图层拖曳到"红椒"图层的下方，如图 7-30 所示。

图 7-29　　　　　　　　　　　　　　　　图 7-30

STEP　7 选择"红椒 拷贝"图层。按 Ctrl + O 组合键，打开资源包中的"Ch07 > 素材 > 制作汉堡新品宣传图 > 04"文件。选择"移动工具" ，将 04 图像拖曳到 01 图像窗口中适当的位置，效果如图 7-31 所示，在"图层"控制面板中生成了新的图层，将其命名为"汉堡"。

STEP　8 新建图层并将其命名为"投影 2"。选择"画笔工具" ，在属性栏中将"不透明度"选项设为 50%，在图像窗口中绘制投影，效果如图 7-32 所示。在"图层"控制面板中，将"投影 2"图层拖曳到"汉堡"图层的下方，如图 7-33 所示，图像效果如图 7-34 所示。

图 7-31　　　　　　　　　　　　　　　　图 7-32

图 7-33　　　　　　　　　　　　　　　　图 7-34

STEP 9 选择"汉堡"图层，单击"图层"控制面板下方的"创建新的填充或调整图层"按钮 ●.，在弹出的菜单中选择"色相/饱和度"命令，在"图层"控制面板创建"色相/饱和度 1"图层，在弹出的"色相/饱和度"面板中进行设置，如图 7-35 所示，按 Enter 键确定操作，图像效果如图 7-36 所示。

图 7-35　　　　　　　　　　图 7-36

STEP 10 选择"横排文字工具" **T.**，在图像窗口中输入需要的文字并选取，在属性栏中选择合适的字体并设置文字大小，填充文字为浅黄色（255、248、218），如图 7-37 所示，在"图层"控制面板中生成了新的文字图层。

STEP 11 选择"矩形工具" □.，在属性栏中的"选择工具模式"的下拉列表中选择"形状"，将"填充"设为无、"描边"颜色设为浅黄色（255、248、218）、"描边粗细"选项设为 4 像素，在图像窗口中绘制矩形，效果如图 7-38 所示。

图 7-37　　　　　　　　　　图 7-38

STEP 12 在"矩形 1"图层上右击，在弹出的菜单中选择"栅格化图层"命令，栅格化图层。选择"矩形选框工具" □.，在适当的位置绘制矩形选区，如图 7-39 所示。按 Delete 键删除选区中的图像，效果如图 7-40 所示。

图 7-39　　　　　　　　　　图 7-40

STEP 13 选择"椭圆工具" ⬭，在属性栏中的"选择工具模式"的下拉列表中选择"形状"，将"填充"设为红色（241、1、0）、"描边"颜色设为无，按住 Shift 键，在图像窗口中拖曳鼠标绘制圆形，效果如图 7-41 所示。

STEP 14 按 Alt+Ctrl+T 组合键，圆形周围出现变换框，将其拖曳到适当的位置，复制椭圆形，按 Enter 键确定操作，效果如图 7-42 所示。连续两次按 Alt+Shift+Ctrl+T 组合键，再复制两个椭圆形，效果如图 7-43 所示。

图 7-41　　　　　　　图 7-42　　　　　　　图 7-43

STEP 15 选择"横排文字工具" T.，在图像窗口中输入需要的文字并选取，在属性栏中选择合适的字体并设置文字大小，如图 7-44 所示，在"图层"控制面板中生成新的文字图层。单击属性栏中的"切换字符和段落面板"按钮 ，在弹出的"字符"控制面板中进行设置，如图 7-45 所示，按 Enter 键确定操作。汉堡新品宣传图制作完成，效果如图 7-46 所示。

图 7-44　　　　　　　图 7-45　　　　　　　　图 7-46

7.2.2　图像的复制

要想在操作过程中随时按需要复制图像，就必须掌握复制图像的方法。在复制图像前，要选择需要复制的图像区域，如果不选择图像区域，将不能进行复制。

选择"快速选择工具" ，选中要复制的图像区域，如图 7-47 所示。选择"移动工具" ，将鼠标指针放在选区中，鼠标指针变为 图标，如图 7-48 所示，按住 Alt 键，鼠标指针变为 图标，如图 7-49 所示，单击并按住鼠标左键不放，拖曳选区中的图像到适当的位置，松开鼠标左键和 Alt 键，图像复制完成，效果如图 7-50 所示。

选中要复制的图像区域，选择"编辑 > 拷贝"命令或按 Ctrl+C 组合键，将选区中的图像复制。屏幕上的图像虽然没有变化，但系统已将图像复制到剪贴板中。选择"编辑 > 粘贴"命令或按 Ctrl+V 组合键，将剪贴板中的图像粘贴在新图层中，复制的图像在原图的上方，如图 7-51 所示。选择"移动工具" 可以移动复制的图像，效果如图 7-52 所示。

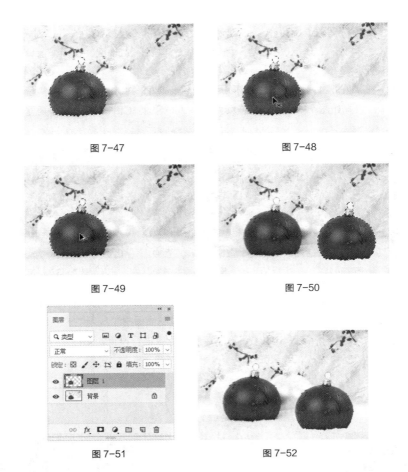

图 7-47   图 7-48

图 7-49   图 7-50

图 7-51   图 7-52

7.2.3 图像的删除

在需要删除的图像上绘制选区，选择"编辑 > 清除"命令，将选区中的图像删除。按 Ctrl+D 组合键取消选择选区，效果如图 7-53 所示。

图 7-53

在需要删除的图像上绘制选区，按 Delete 键或 Backspace 键，可以将选区中的图像删除。按 Alt+Delete 组合键或 Alt+Backspace 组合键也可将选区中的图像删除，但删除后的图像区域由前景色填充。

 提 示

按 Delete 键或 Backspace 键，如果在某一图层中，删除后的图像区域将显示下面一层的图像。

7.3 图像的裁切和变换

通过图像的裁切和变换操作，可以制作出丰富多样的图像效果。

7.3.1 图像的裁切

在实际的设计制作工作中，经常有一些图片的构图和比例不符合设计要求，这时就需要对这些图片进行裁剪。下面就对图像的裁切进行具体介绍。

1. 使用裁剪工具裁切图像

打开一幅图像，选择"裁剪工具" ，在图像中单击并按住鼠标左键不放，拖曳到适当的位置，释放鼠标左键，绘制出矩形裁剪框，效果如图 7-54 所示。在矩形裁剪框内双击或按 Enter 键，都可以完成图像的裁切，效果如图 7-55 所示。

图 7-54 　　　　　　　　　　　　　　图 7-55

将鼠标指针放在裁剪框的边界上，单击并拖曳鼠标指针可以调整裁剪框的大小，如图 7-56 所示。拖曳裁剪框上的控制点也可以缩放裁剪框。按住 Shift 键拖曳鼠标指针，可以等比例缩放裁剪框，如图 7-57 所示。将鼠标指针放在裁剪框外，单击并拖曳鼠标指针，可旋转图像，如图 7-58 所示。

图 7-56 　　　　　　　　　　图 7-57 　　　　　　　　　　图 7-58

将鼠标指针放在裁剪框内，单击并拖曳鼠标指针可以移动裁剪框，如图 7-59 所示。单击工具属性栏中的 按钮或按 Enter 键，即可裁切图像，如图 7-60 所示。

图 7-59 　　　　　　　　　　　　　　图 7-60

2. 使用菜单命令裁切图像

选择"矩形选框工具" ，在图像窗口中绘制出要裁剪的图像区域，如图 7-61 所示。选择"图像 >

裁剪"命令，将图像按选区进行裁切。按 Ctrl+D 组合键取消选择选区，效果如图 7-62 所示。

图 7-61 图 7-62

3. 使用透视裁剪工具裁切图像

打开一幅图像，如图 7-63 所示，可以观察到图像是倾斜的，这是透视畸变的明显特征。选择"透视裁剪工具" ，在图像窗口中单击并按住鼠标左键不放，拖曳鼠标指针绘制矩形裁剪框，如图 7-64 所示。

图 7-63 图 7-64

将鼠标指针放置在裁剪框左下角的控制点上，按住 Shift 键向上拖曳，如图 7-65 所示。单击工具属性栏中的 按钮或按 Enter 键，即可裁切图像，效果如图 7-66 所示。

图 7-65 图 7-66

7.3.2 图像的变换

图像的变换将对整个图像产生作用。选择"图像 > 图像旋转"命令，其子菜单如图 7-67 所示，其中的图像变换效果如图 7-68 所示。

```
180 度(1)
90 度(顺时针)(9)
90 度(逆时针)(0)
任意角度(A)...

水平翻转画布(H)
垂直翻转画布(V)
```

图 7-67

原图像　　　　　　　180°　　　　　　90°（顺时针）

90°（逆时针）　　　水平翻转画布　　　垂直翻转画布

图 7-68

选择"任意角度"命令，在弹出的"旋转画布"对话框中进行设置，如图 7-69 所示，单击"确定"按钮，图像被旋转，效果如图 7-70 所示。

图 7-69　　　　　　　　　　　　　图 7-70

7.3.3　图像选区的变换

用户在操作过程中可以根据设计和制作的需要变换已经绘制好的选区。下面就对图像选区的变换进行具体介绍。

在图像中绘制选区，如图 7-71 所示。选择"编辑 > 自由变换"命令，或选择"变换"命令，其子菜单如图 7-72 所示，可以对图像的选区进行各种变换，效果如图 7-73 所示。

图 7-71　　　　　　　　　　　图 7-72

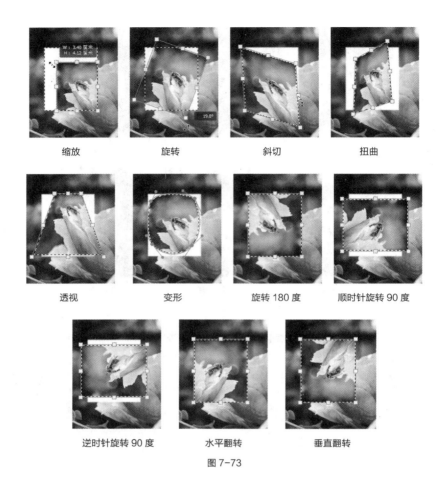

图 7-73

在图像中绘制选区，按 Ctrl+T 组合键，选区周围出现控制手柄，拖曳控制手柄可以对图像选区进行等比例的缩放；按住 Shift 键拖曳控制手柄，可以自由缩放图像选区；按住 Ctrl 键任意拖曳变换框的 4 个控制手柄，可以使图像斜切变形；按住 Alt 键，任意拖曳变换框的 4 个控制手柄，可以使图像对称变形；按住 Shift+Ctrl 组合键，拖曳变换框中间的控制手柄，可以使图像任意变形；按住 Alt+Ctrl 组合键，任意拖曳变换框的 4 个控制手柄，可以使图像透视变形；按 Shift+Ctrl+T 组合键，可以再次应用上一次使用过的变换命令。

如果变换后仍要保留原图像的内容，可以按 Alt+Ctrl+T 组合键，选区周围会出现控制手柄，向选区外拖曳选区中的图像，会复制新的图像，而原图像将被保留。

7.4 课堂练习——制作房屋地产类公众号信息图

练习知识要点

使用裁剪工具裁切图像，使用移动工具移动图像，最终效果如图 7-74 所示。

效果所在位置

资源包/Ch07/效果/制作房屋地产类公众号信息图.psd。

图 7-74

制作房屋地产类
公众号信息图

7.5 课后习题——制作旅游公众号首图

🔍 习题知识要点

　　使用标尺工具和拉直图层按钮校正倾斜照片，使用横排文字工具添加文字信息，最终效果如图 7-75 所示。

🔍 效果所在位置

　　资源包/Ch07/效果/制作旅游公众号首图.psd。

图 7-75

制作旅游公众号首图

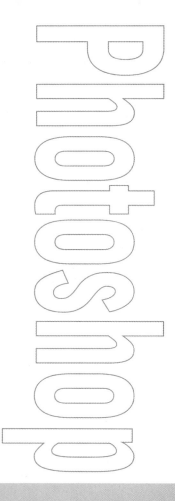

Chapter

8

第 8 章
绘制图形及路径

本章主要介绍 PhotoshopCC 中图形的绘制与编辑方法、路径的绘制与应用技巧，以及 3D 模型的创建方法和 3D 工具的使用技巧。通过本章的学习，读者可以快速地绘制所需路径并对路径进行修改和编辑，可应用绘图工具绘制软件自带的图形以提高图像制作的效率，可创建 3D 模型并使用 3D 工具对其进行编辑。

课堂学习目标

● 掌握绘制图形的技巧

● 掌握绘制和选取路径的方法

● 掌握创建 3D 模型的方法和
3D 工具的使用技巧

8.1 绘制图形

路径工具极大地增强了 Photoshop CC 处理图像的功能，它可以用来绘制路径、剪切路径和填充区域。

8.1.1　课堂案例——制作家电类 App 引导页插画

+　案例学习目标

学习使用图形绘制工具绘制出需要的图形。

+　案例知识要点

使用圆角矩形工具、矩形工具、椭圆工具和直线工具绘制洗衣机，使用移动工具添加洗衣筐和洗衣液，最终效果如图 8-1 所示。

+　效果所在位置

资源包/Ch08/效果/制作家电类 App 引导页插画.psd。

图 8-1

制作家电类 App
引导页插画

STEP ↘1　按 Ctrl+N 组合键，弹出"新建文档"对话框，设置宽度为 600 像素、高度为 600 像素、分辨率为 72 像素/英寸、颜色模式为 RGB、背景内容为白色，单击"创建"按钮，新建一个文档。

STEP ↘2　单击"图层"控制面板下方的"创建新组"按钮 ▭ ，创建新的图层组并将其命名为"洗衣机"。选择"圆角矩形工具" ▭ ，在属性栏的"选择工具模式"下拉列表中选择"形状"，将"填充"颜色设为白色、"描边"颜色设为海蓝色（53、65、78）、"描边宽度"选项设为 8 像素、"半径"选项设为 10 像素，在图像窗口中绘制一个圆角矩形，效果如图 8-2 所示，在"图层"控制面板中生成了新的形状图层"圆角矩形 1"。

STEP ↘3　绘制一个圆角矩形，在属性栏中将"填充"颜色设为海蓝色（53、65、78）、"描边"颜色设为无，效果如图 8-3 所示，在"图层"控制面板中生成了新的形状图层"圆角矩形 2"。

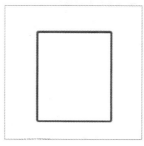

图 8-2

图 8-3

STEP 4 在"图层"控制面板中，将"圆角矩形 2"图层拖曳到"圆角矩形 1"图层的下方，如图 8-4 所示，图像效果如图 8-5 所示。

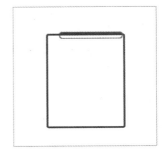

图 8-4　　　　　　　　　　图 8-5

STEP 5 选择"圆角矩形 1"图层。选择"矩形工具" ，在图像窗口中绘制一个矩形。在属性栏中将"填充"颜色设为白色、"描边"颜色设为海蓝色（53、65、78）、"描边宽度"选项设为 4 像素，效果如图 8-6 所示，在"图层"控制面板中生成了新的形状图层"矩形 1"。

STEP 6 选择"椭圆工具" ，按住 Shift 键在图像窗口中绘制一个圆形。在属性栏中将"描边宽度"选项设为 6 像素，效果如图 8-7 所示，在"图层"控制面板中生成了新的形状图层"椭圆 1"。

图 8-6　　　　　　　　　　图 8-7

STEP 7 选择"圆角矩形工具" ，在图像窗口中绘制一个圆角矩形。在属性栏中将"描边宽度"选项设为 4 像素，效果如图 8-8 所示，在"图层"控制面板中生成了新的形状图层"圆角矩形 3"。

STEP 8 选择"直线工具" ，在属性栏中将"粗细"选项设为 2 像素，按住 Shift 键，在图像窗口中绘制一条直线，效果如图 8-9 所示，在"图层"控制面板中生成了新的形状图层"形状 1"。

图 8-8

STEP 9 选择"路径选择工具" ，按住 Alt+Shift 组合键，垂直向下拖曳直线到适当的位置，复制直线，效果如图 8-10 所示。

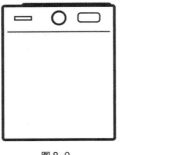
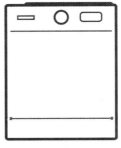

图 8-9　　　　　　　　　　图 8-10

STEP☆10 选择"椭圆工具" ○.，按住 Shift 键，在图像窗口中绘制一个圆形。在属性栏中将"描边宽度"选项设为 6 像素，效果如图 8-11 所示，在"图层"控制面板中生成了新的形状图层"椭圆 2"。

STEP☆11 按 Ctrl+J 组合键，复制"椭圆 2"图层，创建新的图层"椭圆 2 拷贝"。按 Ctrl+T 组合键，圆形周围出现变换框，单击属性栏中的"保持长宽比"按钮 ∞，按住 Alt+Shift 组合键，向内拖曳右上角的控制手柄，等比例缩小圆形，如图 8-12 所示，按 Enter 键确定操作，效果如图 8-13 所示。

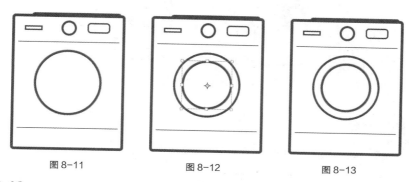

图 8-11　　　　　　　图 8-12　　　　　　　图 8-13

STEP☆12 选中"椭圆 2 拷贝"图层，在属性栏中将"填充"颜色设为蓝色（61、91、117）、"描边宽度"选项设为 4 像素，效果如图 8-14 所示。用相同的方法画出其他圆形，并填充相应的颜色，效果如图 8-15 所示。

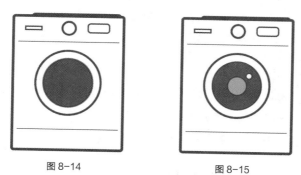

图 8-14　　　　　　　　图 8-15

STEP☆13 选择"矩形工具" □.，在图像窗口中绘制一个矩形。在属性栏中将"填充"颜色设为海蓝色（53、65、78）、"描边"颜色设为无，效果如图 8-16 所示，在"图层"控制面板中生成了新的形状图层"矩形 2"。

STEP☆14 选择"移动工具" ⊹.，按住 Alt+Shift 组合键，拖曳矩形到适当的位置，复制矩形，效果如图 8-17 所示。单击"洗衣机"图层组左侧的三角形 ⌄ 图标，将"洗衣机"图层组中的图层隐藏。

图 8-16　　　　　　　　　图 8-17

STEP☆15 按 Ctrl+O 组合键，打开资源包中的"Ch08 > 素材 > 制作家电类 App 引导页插画 >

01、02"文件，选择"移动工具" ，分别将图像拖曳到图像窗口中适当的位置，效果如图 8-18 所示。在"图层"控制面板中生成了新图层，将其命名为"洗衣筐"和"洗衣液"，如图 8-19 所示。家电类 App引导页插画制作完成。

图 8-18

图 8-19

8.1.2 矩形工具

选择"矩形工具" ☐，或按 Shift+U 组合键切换，其属性栏状态如图 8-20 所示。

图 8-20

形状 ✓ ：用于选择工具的模式，包括形状、路径和像素。

填充 ■ 描边 ✓ 1像素 ── ：用于设置矩形的填充色、描边色、描边宽度和描边类型。

W: 0像素 ∞ 0像素 ：用于设置矩形的宽度和高度。

▫ ⊫ ⊪ ：用于设置路径的组合方式、对齐方式和排列方式。

✿ ：用于设置所绘制矩形的形状。

对齐边缘：用于设置边缘是否对齐。

打开一幅图像，如图 8-21 所示。在属性栏中将"填充"颜色设为白色，在图像窗口中绘制矩形，效果如图 8-22 所示，此时的"图层"控制面板如图 8-23 所示。

图 8-21

图 8-22

图 8-23

8.1.3 圆角矩形工具

选择"圆角矩形工具" ☐，或按 Shift+U 组合键切换，其属性栏状态如图 8-24 所示。其属性栏中的内容与"矩形工具"属性栏中的内容类似，只增加了"半径"选项，用于设定圆角矩形的圆角半径，其数值越大圆角越平滑。

图 8-24

　　打开一幅图像。在属性栏中将"填充"颜色设为白色、"半径"选项设为 40 像素，在图像窗口中绘制圆角矩形，效果如图 8-25 所示，此时的"图层"控制面板如图 8-26 所示。

图 8-25

图 8-26

8.1.4　椭圆工具

　　选择"椭圆工具" ，或按 Shift+U 组合键切换，其属性栏状态如图 8-27 所示。

图 8-27

　　打开一幅图像。在属性栏中将"填充"颜色设为白色，在图像窗口中绘制椭圆形，效果如图 8-28 所示，此时的"图层"控制面板如图 8-29 所示。

图 8-28

图 8-29

8.1.5　多边形工具

　　选择"多边形工具" ，或按 Shift+U 组合键切换，其属性栏状态如图 8-30 所示。属性栏中的内容与"矩形工具"属性栏的内容类似，只增加了"边"选项，用于设定多边形的边数。

图 8-30

　　打开一幅图像。在属性栏中将"填充"颜色设为白色，单击 按钮，在弹出的"路径选项"面板中进行设置，如图 8-31 所示。在图像窗口中绘制星形，效果如图 8-32 所示，此时的"图层"控制面板如图 8-33 所示。

图 8-31　　　　　　　　图 8-32　　　　　　　　图 8-33

8.1.6　直线工具

选择"直线工具" ，或按 Shift+U 组合键切换，其属性栏状态如图 8-34 所示。属性栏中的内容与"矩形工具"属性栏的内容类似，只增加了"粗细"选项，用于设定直线的宽度。

图 8-34

单击属性栏中的 按钮，弹出"路径选项"面板，如图 8-35 所示。

起点：用于在线段始端绘制箭头。

终点：用于在线段末端绘制箭头。

宽度：用于设定箭头宽度和线段宽度的比值。

长度：用于设定箭头长度和线段宽度的比值。

凹度：用于设定箭头凹凸的程度。

打开一幅图像。在属性栏中将"填充"颜色设为白色，在图像窗口中绘制不同效果的直线，如图 8-36 所示，此时的"图层"控制面板如图 8-37 所示。

图 8-35　　　　　　　　图 8-36　　　　　　　　图 8-37

　提　示

按住 Shift 键可以绘制水平或垂直的直线。

8.1.7 自定形状工具

选择"自定形状工具"，或按 Shift+U 组合键切换，其属性栏状态如图 8-38 所示。属性栏中的内容与"矩形工具"属性栏的内容类似，只增加了"形状"选项，用于选择所需形状。

图 8-38

单击"形状"选项，弹出图 8-39 所示的形状面板，面板中存储了可供选择的各种不规则形状。

打开一幅图像。在图像窗口中绘制形状，效果如图 8-40 所示，此时的"图层"控制面板如图 8-41 所示。

图 8-39

图 8-40

图 8-41

选择"钢笔工具"，在图像窗口中绘制并填充路径，如图 8-42 所示。选择"编辑 > 定义自定形状"命令，弹出"形状名称"对话框，在"名称"选项的文本框中输入自定形状的名称，如图 8-43 所示，单击"确定"按钮。"形状"下拉列表中出现了刚才定义的形状，如图 8-44 所示。

图 8-42

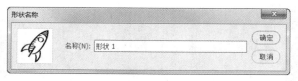

图 8-43

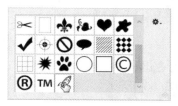

图 8-44

8.2 绘制和选取路径

路径对于用户来说确实是一个非常得力的"助手"。用户使用路径可以进行复杂图像的选取，可以存储选区以备再次使用，还可以绘制线条平滑的优美图形。

8.2.1 课堂案例——抠出箱包饰品类网站 Banner 主图

🔍 **案例学习目标**

学习使用不同的工具绘制并调整路径。

🔍 **案例知识要点**

使用钢笔工具和添加锚点工具绘制路径，应用选区和路径转换命令将路径转换为选区，使用移动工具添加宣传文字，最终效果如图 8-45 所示。

🔍 **效果所在位置**

资源包/Ch08/效果/抠出箱包饰品类网站 Banner 主图.psd。

抠出箱包饰品类网站
Banner 主图

图 8-45

STEP↘1 按 Ctrl + O 组合键，打开资源包中的"Ch08 > 素材 > 抠出箱包饰品类网站 Banner 主图 > 01、02"文件，如图 8-46 和图 8-47 所示。选择"钢笔工具" ⬮，在属性栏的"选择工具模式"下拉列表中选择"路径"，在 02 图像窗口中沿着物品轮廓绘制路径，如图 8-48 所示。

图 8-46   图 8-47   图 8-48

STEP↘2 按住 Ctrl 键，"钢笔工具" ⬮转换为"直接选择工具" ▸，如图 8-49 所示。拖曳路径中的锚点来改变路径的弧度，如图 8-50 所示。

图 8-49   图 8-50

STEP 3 将鼠标指针移动到路径上，"钢笔工具" ∅转换为"添加锚点工具" ∅，如图 8-51 所示。在路径上单击添加锚点，如图 8-52 所示。按住 Ctrl 键，"钢笔工具" ∅转换为"直接选择工具" ▸，拖曳路径中的锚点来改变路径的弧度，如图 8-53 所示。

图 8-51　　　　　　　　图 8-52　　　　　　　　图 8-53

STEP 4 用步骤 3 所述方法调整路径，效果如图 8-54 所示。再次绘制需要的路径，如图 8-55 所示。按 Ctrl+Enter 组合键将路径转换为选区，如图 8-56 所示。

图 8-54　　　　　　　　图 8-55　　　　　　　　图 8-56

STEP 5 选择"移动工具" ⊕，将选区中的图像拖曳到 01 图像窗口中，如图 8-57 所示，"图层"控制面板中生成了新图层，将其命名为"包"。按 Ctrl+T 组合键，图像周围出现变换框，拖曳鼠标指针调整图像的大小和位置，按 Enter 键确定操作，效果如图 8-58 所示。

图 8-57　　　　　　　　　　　　　　图 8-58

STEP 6 单击"图层"控制面板下方的"添加图层样式"按钮 ƒx，在弹出的菜单中选择"投影"命令。在弹出的"图层样式"对话框中将投影颜色设为黑色，其他选项的设置如图 8-59 所示，单击"确定"按钮，效果如图 8-60 所示。

STEP 7 选择"图像 > 调整 > 色彩平衡"命令，在弹出的"色彩平衡"对话框中进行设置，如图 8-61 所示，单击"确定"按钮，效果如图 8-62 所示。

STEP 8 按 Ctrl+O 组合键，打开资源包中的"Ch08 > 素材 > 抠出箱包饰品类网站 Banner 主图 > 03"文件。选择"移动工具" ⊕，将 03 图像拖曳到 01 图像窗口中适当的位置，效果如图 8-63 所示，在"图层"控制面板中生成了新图层，将其命名为"文字"。箱包饰品类网站 Banner 主图抠出完成。

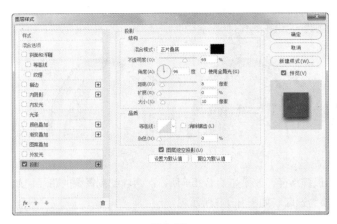

图 8-59

图 8-60

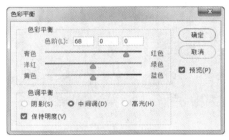

图 8-61

图 8-62

图 8-63

8.2.2 钢笔工具

选择"钢笔工具" ，或按 Shift+P 组合键切换，其属性栏状态如图 8-64 所示。

按住 Shift 键创建锚点时，将以 45° 或 45° 的倍数的角度绘制路径。按住 Alt 键，当将鼠标指针移到锚点上时，"钢笔工具" 暂时转换为"转换点工具" 。按住 Ctrl 键，"钢笔工具" 暂时转换为"直接选择工具" 。

图 8-64

新建一个文档，选择"钢笔工具" ，在属性栏的"选择工具模式"下拉列表中选择"路径"选项，此时"钢笔工具" 绘制的将是路径。如果选中"形状"选项,使用"钢笔工具" 将绘制出形状图层。勾选"自动添加/删除"复选框,可以在选取的路径上自动添加和删除锚点。

在图像中任意位置单击创建一个锚点,将鼠标指针移动到其他位置再次单击,创建第 2 个锚点,两个锚点之间将自动以直线连接,如图 8-65 所示。再将鼠标指针移动到其他位置单击,创建第 3 个锚点,软件将在第 2 个和第 3 个锚点之间生成一条新的直线路径,如图 8-66 所示。

将鼠标指针移至第 2 个锚点上,暂时转换成"删除锚点工具" ,如图 8-67 所示。在锚点上单击,即可将第 2 个锚点删除,另外两个锚点之间将自动用直线连接起来,如图 8-68 所示。

图 8-65　　　　　　　　图 8-66　　　　　　　　图 8-67　　　　　　　　图 8-68

选择"钢笔工具" ,单击建立新的锚点并按住鼠标左键不放,拖曳鼠标指针,建立曲线段和曲线锚点,效果如图 8-69 所示。释放鼠标左键,按住 Alt 键,单击刚建立的曲线锚点,如图 8-70 所示,将其转换为直线锚点,在其他位置再次单击建立下一个新的锚点,可在曲线段后绘制直线段,效果如图 8-71 所示。

图 8-69　　　　　　　　图 8-70　　　　　　　　图 8-71

8.2.3　自由钢笔工具

打开一幅图像,如图 8-72 所示。选择"自由钢笔工具" ,其属性栏状态如图 8-73 所示。勾选"磁性的"复选框,启用磁性钢笔选项。

图 8-72　　　　　　　　　　　　　　　　图 8-73

在图像的左上方单击确定最初的锚点,然后沿图像小心地拖曳鼠标指针并单击,确定其他的锚点,如

图 8-74 所示。可以看到锚点位置的误差比较大，但只需要使用几个路径工具对路径进行修改和调整，就可以减少误差，最后的效果如图 8-75 所示。

图 8-74　　　　　　　　　　　图 8-75

8.2.4　添加锚点工具

选择"钢笔工具" ，将鼠标指针移动到建立好的路径上，若该处当前没有锚点，则鼠标指针由"钢笔工具"图标 转换成"添加锚点工具"图标 ，在路径上单击可以添加锚点，效果如图 8-76 所示。选择"钢笔工具" ，将鼠标指针移动到建立好的路径上，若当前该处没有锚点，则鼠标指针由"钢笔工具"图标 转换成"添加锚点工具"图标 ，单击并按住鼠标左键不放，向上拖曳鼠标指针，可以建立曲线段和曲线锚点，效果如图 8-77 所示。

图 8-76　　　　　　　　　　　　　　　　　　　　图 8-77

8.2.5　删除锚点工具

选择"钢笔工具" ，将鼠标指针放到直线路径的锚点上，则鼠标指针由"钢笔工具"图标 转换成"删除锚点工具"图标 ，单击锚点将其删除，效果如图 8-78 所示。选择"钢笔工具" ，将鼠标指针放到曲线路径的锚点上，则鼠标指针由"钢笔工具"图标 转换成"删除锚点工具"图标 ，单击锚点将其删除，效果如图 8-79 所示。

图 8-78　　　　　　　　　　　　　　　　　　　　图 8-79

8.2.6　转换点工具

按住 Shift 键，拖曳路径中的一个锚点，将以 45° 或 45° 的倍数的角度调整手柄。按住 Alt 键，拖曳手柄，可以任意改变两个调节手柄中的一个，而不影响另一个手柄的位置。按住 Alt 键，拖曳路径中的线段，可以复制路径。

选择"钢笔工具" ，在页面中单击绘制出多边形路径，当要闭合路径时，鼠标指针变为 图标，如图 8-80 所示，单击即可闭合路径。这时，完成了一个多边形的图案，如图 8-81 所示。

图 8-80　　　　　　　　　　　　　　图 8-81

选择"转换点工具" ，首先改变左上角的锚点，将鼠标指针放置在左上角的锚点上，如图 8-82 所示，单击锚点并将其向左上方拖曳形成曲线锚点，效果如图 8-83 所示。使用同样的方法将右侧的锚点变为曲线锚点，效果如图 8-84 所示。

图 8-82　　　　　　　　　　图 8-83　　　　　　　　　　图 8-84

8.2.7　选区和路径的转换

1. 将选区转换为路径

在图像上绘制选区，如图 8-85 所示。单击"路径"控制面板右上方的 按钮，在弹出的菜单中选择"建立工作路径"命令，弹出"建立工作路径"对话框，其中的"容差"选项用于设置转换时的误差允许范围，数值越小越精确，路径上的关键点也越多。如果要编辑生成的路径，此处设定的数值最好为 2，如图 8-86 所示，单击"确定"按钮，将选区转换为路径，效果如图 8-87 所示。

图 8-85　　　　　　　　　　图 8-86　　　　　　　　　　图 8-87

单击"路径"控制面板下方的"从选区生成工作路径"按钮，也可以将选区转换成路径。

2. 将路径转换为选区

在图像中创建路径，如图 8-88 所示。单击"路径"控制面板右上方的 ☰ 按钮，在弹出的菜单中选择"建立选区"命令，在弹出的"建立选区"对话框中进行设置，如图 8-89 所示，单击"确定"按钮，将路径转换为选区，效果如图 8-90 所示。

| 图 8-88 | 图 8-89 | 图 8-90 |

单击"路径"控制面板下方的"将路径作为选区载入"按钮，也可以将路径转换成选区。

8.2.8 路径控制面板

绘制一条路径，选择"窗口 > 路径"命令，弹出"路径"控制面板，如图 8-91 所示。单击"路径"控制面板右上方的 ☰ 按钮，可以打开菜单，如图 8-92 所示。"路径"控制面板底部有 7 个工具按钮，如图 8-93 所示。

| 图 8-91 | 图 8-92 | 图 8-93 |

用前景色填充路径 ●：单击此按钮，将对当前选中路径进行填充，填充的对象包括当前路径的所有子路径以及不连续的路径线段。如果选中了路径中的一部分，"路径"控制面板的菜单中的"填充路径"命令将变为"填充子路径"命令。如果被填充的路径为开放路径，软件将自动用直线段连接路径的两个端点并进行填充。如果只有一条开放的路径，则不能进行填充。按住 Alt 键单击此按钮，将弹出"填充路径"对话框。

用画笔描边路径 ○：单击此按钮，系统将使用当前的颜色和在"描边路径"对话框中设定的工具对路径进行描边。按住 Alt 键单击此按钮，将弹出"描边路径"对话框。

将路径作为选区载入 ⊙：单击此按钮，将把当前路径所圈选的范围转换为选区。在按住 Alt 键的同时单击此按钮，将弹出"建立选区"对话框。

从选区生成工作路径 ◇：单击此按钮，将把当前的选区转换成路径。按住 Alt 键单击此按钮，将弹出

"建立工作路径"对话框。

添加蒙版 ▢：用于为当前图层添加蒙版。

创建新路径 ▣：单击此按钮可以创建一个新的路径。按住 Alt 键单击此按钮，将弹出"新建路径"对话框。

删除当前路径 🗑：用于删除当前路径，直接拖曳"路径"控制面板中的路径到此按钮上，可将整个路径全部删除。

8.2.9 新建路径

单击"路径"控制面板右上方的 ☰ 按钮，打开菜单，选择"新建路径"命令，弹出"新建路径"对话框，如图 8-94 所示。

单击"路径"控制面板下方的"创建新路径"按钮 ▣，可以创建一个新路径。按住 Alt 键单击"创建新路径"按钮 ▣，将弹出"新建路径"对话框，设置完成后，单击"确定"按钮也可以创建路径。

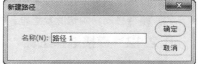

图 8-94

8.2.10 复制、删除、重命名路径

1. 复制路径

单击"路径"控制面板右上方的 ☰ 按钮，打开菜单，选择"复制路径"命令，弹出"复制路径"对话框，如图 8-95 所示。在"名称"文本框中设置复制路径的名称，单击"确定"按钮，此时的"路径"控制面板如图 8-96 所示。

图 8-95

图 8-96

将要复制的路径拖曳到"路径"控制面板下方的"创建新路径"按钮 ▣ 上，也可以将所选的路径复制为一个新路径。

2. 删除路径

单击"路径"控制面板右上方的 ☰ 按钮，打开菜单，选择"删除路径"命令，可以将路径删除。选择需要删除的路径，单击控制面板下方的"删除当前路径"按钮 🗑，也可以将选择的路径删除。

3. 重命名路径

双击"路径"控制面板中的路径名，将出现重命名路径文本框，如图 8-97 所示，更改名称后按 Enter 键确定即可，如图 8-98 所示。

图 8-97

图 8-98

8.2.11 路径选择工具

使用"路径选择工具"可以选择单个或多个路径，还可以用来组合、对齐和分布路径。
选择"路径选择工具" ▶，或按 Shift+A 组合键切换，其属性栏状态如图 8-99 所示。

图 8-99

图 8-99 中部分选项的功能介绍如下。

选择：用于设置所选路径所在的图层。

约束路径移动：勾选此复选框，可以只移动两个锚点间的路径，其他路径不受影响。

8.2.12 直接选择工具

"直接选择工具"用于移动路径中的锚点或线段，还可以调整手柄和控制点的位置。路径的原始效果如图 8-100 所示，选择"直接选择工具" ▶，拖曳路径中的锚点来改变路径的弧度，效果如图 8-101 所示。

图 8-100   图 8-101

8.2.13 填充路径

在图像中创建路径，如图 8-102 所示。单击"路径"控制面板右上方的 ≡ 按钮，在打开的菜单中选择"填充路径"命令，在弹出的"填充路径"对话框中进行设置，如图 8-103 所示。单击"确定"按钮，用前景色填充路径，效果如图 8-104 所示。

单击"路径"控制面板下方的"用前景色填充路径"按钮 ●，也可以填充路径。按住 Alt 键单击"用前景色填充路径"按钮 ●，将弹出"填充路径"对话框。

图 8-102   图 8-103   图 8-104

8.2.14 描边路径

在图像中创建路径，如图 8-105 所示。单击"路径"控制面板右上方的 ≡ 按钮，在弹出的菜单中选择"描边路径"命令，弹出"描边路径"对话框，在"工具"下拉列表中选择"画笔"，如图 8-106 所示。此下拉列表中共有 19 种工具可供选择，如果当前在工具箱中已经选择了"画笔"工具，该工具将被自动地设置在此处。另外，在"画笔工具"属性栏中设定的画笔类型也将直接影响此处的描边效果。设置好后，单击"确定"按钮，描边路径的效果如图 8-107 所示。

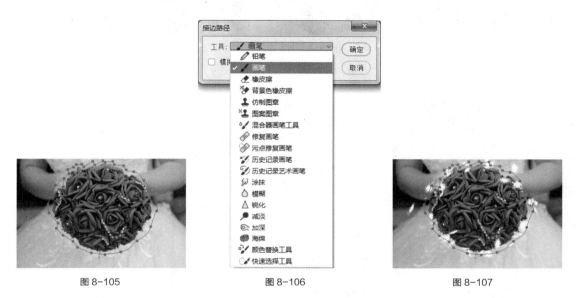

图 8-105　　　　　　　　　　　　图 8-106　　　　　　　　　　　　图 8-107

单击"路径"控制面板下方的"用画笔描边路径"按钮，也可以描边路径。按 Alt 键单击"用画笔描边路径"按钮，将弹出"描边路径"对话框。

8.3　创建 3D 模型

Photoshop CC 可以将平面图层创建为 3D 模型。只有将图层变为 3D 图层，才能使用 3D 工具和命令。

打开一幅图像，如图 8-108 所示。选择"3D > 从图层新建网格 > 网格预设"命令，打开图 8-109 所示的子菜单，选择不同的命令可以创建效果不同的 3D 模型。

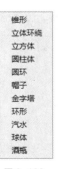

图 8-108　　　　　　　　　　图 8-109

选择各命令创建出的 3D 模型如图 8-110 所示。

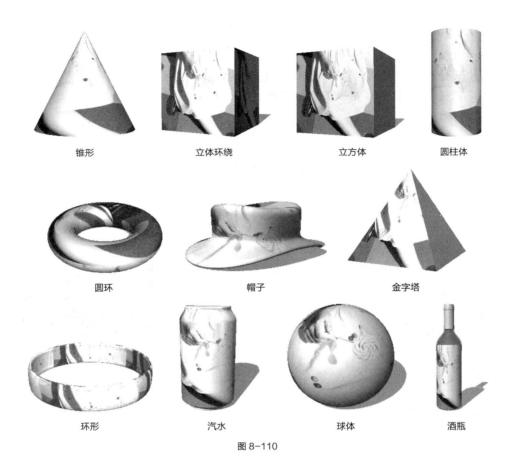

锥形　　　　　　立体环绕　　　　　　立方体　　　　　　圆柱体

圆环　　　　　　　　帽子　　　　　　　　金字塔

环形　　　　　　　汽水　　　　　　　球体　　　　　　酒瓶

图 8-110

8.4 使用 3D 工具

用户在 Photoshop CC 中使用 3D 工具可以对 3D 模型进行旋转、缩放或调整等操作。操作 3D 模型时，视角会保持固定。

打开一幅包含 3D 模型的图像，如图 8-111 所示。选中 3D 图层，在属性栏中选择"旋转 3D 对象"工具，鼠标指针变为图标，上下拖曳可将模型围绕其 x 轴旋转，如图 8-112 所示；左右拖曳可将模型围绕其 y 轴旋转，效果如图 8-113 所示；按住 Alt 键进行拖曳可滚动模型。

图 8-111

图 8-112

图 8-113

在属性栏中选择"滚动 3D 对象"工具，鼠标指针变为图标，左右拖曳可使模型绕 z 轴旋转，效果如图 8-114 所示。

在属性栏中选择"拖动 3D 对象"工具，鼠标指针变为图标，左右拖曳可沿水平方向移动模型，如图 8-115 所示；上下拖曳可沿垂直方向移动模型，如图 8-116 所示；按住 Alt 键进行拖曳可沿 x/z 轴方向移动模型。

图 8-114

图 8-115

图 8-116

在属性栏中选择"滑动 3D 对象"工具，鼠标指针变为图标，左右拖曳可沿水平方向移动模型，如图 8-117 所示；上下拖曳可将模型移近或移远，如图 8-118 所示；按住 Alt 键进行拖曳可沿 x/y 轴方向移动模型。

在属性栏中选择"变焦 3D 相机"工具，鼠标指针变为图标，上下拖曳可将模型放大或缩小，如图 8-119 所示；按住 Alt 键进行拖曳可沿 z 轴方向缩放模型。

图 8-117

图 8-118

图 8-119

8.5 课堂练习——制作新婚请柬

⊕ 练习知识要点

使用钢笔工具、添加锚点工具和转换点工具绘制路径，使用椭圆选框工具、羽化命令和自由变换命令制作投影，最终效果如图 8-120 所示。

⊕ 效果所在位置

资源包/Ch08/效果/制作新婚请柬.psd。

图 8-120

制作新婚请柬

8.6 课后习题——制作七夕节宣传卡

习题知识要点

使用移动工具添加底图、玫瑰、人物和文字，使用钢笔工具和路径描边命令绘制线条，使用自定形状工具和钢笔工具绘制心形，使用画笔工具添加点光，最终效果如图8-121所示。

效果所在位置

资源包/Ch08/效果/制作七夕节宣传卡.psd。

图8-121

制作七夕节宣传卡

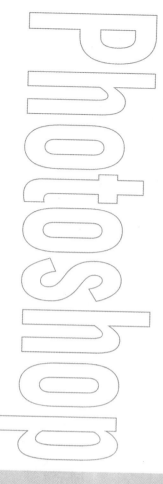

Chapter

9

第 9 章
调整图像的色彩和色调及特殊
颜色处理

本章主要介绍在 Photoshop CC 中调整图像的色彩与色调的多种命令及特殊颜色处理的多种命令。通过本章的学习，读者可以根据不同的需要，应用多种调整命令对图像的色彩或色调进行细微的调整，还可以对图像进行特殊颜色的处理。

课堂学习目标

● 掌握图像色彩与色调的调整方法

● 掌握特殊颜色的处理技巧

9.1 调整图像的色彩与色调

调整图像的色彩与色调是 Photoshop CC 的主要功能，也是用户必须掌握的一项功能，在实际的设计制作中经常会使用到这项功能。

9.1.1 课堂案例——调整箱包图像的饱和度

案例学习目标

学习使用调色命令调整图像的色调。

案例知识要点

使用色相/饱和度命令调整图像的色调，最终效果如图 9-1 所示。

效果所在位置

资源包/Ch09/效果/调整箱包图像的饱和度.psd。

图 9-1

调整箱包图像的饱和度

STEP 1 按 Ctrl+N 组合键，弹出"新建文档"对话框，设置宽度为 800 像素、高度为 800 像素、分辨率为 72 像素/英寸、颜色模式为 RGB、背景内容为白色，单击"创建"按钮，新建文档。

STEP 2 按 Ctrl+O 组合键，打开资源包中的"Ch09 > 素材 > 调整箱包图像的饱和度 > 01"文件，如图 9-2 所示。选择"移动工具" ⊕，将 01 图像拖曳到新建的图像窗口中适当的位置，"图层"控制面板中生成了新图层，将其命名为"包包"，如图 9-3 所示。选择"图像 > 调整 > 色相/饱和度"命令，在弹出的"色相/饱和度"对话框中进行设置，如图 9-4 所示。

图 9-2

图 9-3

图 9-4

STEP 3 单击颜色选项，在弹出的下拉列表中选择"红色"选项进行设置，如图 9-5 所示。单击颜色选项，在弹出的下拉列表中选择"黄色"选项进行设置，如图 9-6 所示。

图 9-5

图 9-6

STEP 4 单击颜色选项，在弹出的下拉列表中选择"青色"选项进行设置，如图 9-7 所示。单击颜色选项，在弹出的下拉列表中选择"蓝色"选项进行设置，如图 9-8 所示。

图 9-7

图 9-8

STEP 5 单击颜色选项，在弹出的下拉列表中选择"洋红"选项进行设置，如图 9-9 所示，单击"确定"按钮，效果如图 9-10 所示。

图 9-9

图 9-10

STEP 6 单击"图层"控制面板下方的"添加图层样式"按钮 *fx*，在弹出的菜单中选择"投影"

命令。在弹出的"图层样式"对话框中进行设置，如图 9-11 所示，单击"确定"按钮，效果如图 9-12 所示。

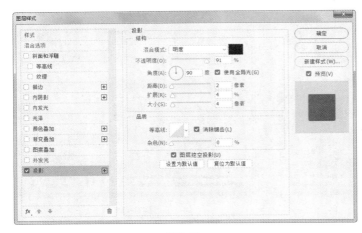

图 9-11　　　　　　　　　　　　　　　　　　图 9-12

STEP 7 按 Ctrl+O 组合键，打开资源包中的"Ch09 > 素材 > 调整箱包图像的饱和度 > 02"文件，如图 9-13 所示。选择"移动工具" ⊕，将 02 图像拖曳到新建的图像窗口中适当的位置，效果如图 9-14 所示，"图层"控制面板中生成了新图层，将其命名为"文字"。箱包图像的饱和度调整完成。

图 9-13　　　　　　　　　　　　　　　　　　图 9-14

9.1.2　色相/饱和度

打开一幅图像，原始效果如图 9-15 所示。选择"图像 > 调整 > 色相/饱和度"命令，或按 Ctrl+U 组合键，在弹出的"色相/饱和度"对话框中进行设置，如图 9-16 所示。单击"确定"按钮，效果如图 9-17 所示。

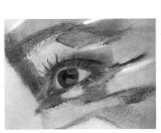

图 9-15　　　　　　　　　　图 9-16　　　　　　　　　　图 9-17

预设：用于选择要调整的色彩范围，可以通过拖曳各选项中的滑块来调整图像的色相、饱和度和明度。

着色：用于给由灰度模式转化而来的图像添加需要的颜色。

在"色相/饱和度"对话框中进行设置，勾选"着色"复选框，如图 9-18 所示，单击"确定"按钮，效果如图 9-19 所示。

图 9-18　　　　　　　　　　　　　　　　　　　　图 9-19

9.1.3　色彩平衡

打开一幅图像，原始效果如图 9-20 所示。选择"图像 > 调整 > 色彩平衡"命令，或按 Ctrl+B 组合键，弹出"色彩平衡"对话框，如图 9-21 所示。

图 9-20　　　　　　　　　　　　　　　　　　图 9-21

色彩平衡：用于添加过渡色来平衡色彩效果，拖曳滑块可以调整整个图像的色彩，也可以在"色阶"数值框中直接输入数值来调整图像的色彩。

色调平衡：用于选取图像的阴影、中间调和高光。

保持明度：用于保持原图像的明度。

在"色彩平衡"对话框中分别进行设置，具体设置和不同的图像效果分别如图 9-22 和图 9-23 所示。

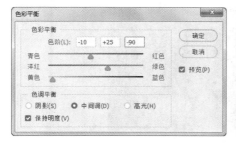

图 9-22

图 9-23

9.1.4 反相

选择"图像 > 调整 > 反相"命令，或按 Ctrl+I 组合键，可以将图像或选区的像素颜色反转为其补色，使其呈现底片效果。不同色彩模式的图像反相后的效果如图 9-24 所示。

原图

RGB 色彩模式反相后的效果

CMYK 色彩模式反相后的效果

图 9-24

提示

反相效果是对图像的每一个色彩通道进行反相后的合成效果，不同色彩模式的图像反相后的效果是不同的。

9.1.5 课堂案例——调整人物生活照

⊕ **案例学习目标**

学习使用调色命令调整图片的颜色。

⊕ **案例知识要点**

使用自动色调命令和色调均化命令调整图片的颜色，最终效果如图 9-25 所示。

⊕ **效果所在位置**

资源包/Ch09/效果/调整人物生活照.psd。

图 9-25

调整人物生活照

STEP 1 按 Ctrl+N 组合键，弹出"新建文档"对话框，设置宽度为 1 175 像素、高度为 500 像素、分辨率为 72 像素/英寸、颜色模式为 RGB、背景内容为白色，单击"创建"按钮，新建文档。

STEP 2 按 Ctrl+O 组合键，打开资源包中的"Ch09 > 素材 > 调整人物生活照 > 01"文件。选择"移动工具" ，将其拖曳到新建的图像窗口中适当的位置，如图 9-26 所示，在"图层"控制面板中生成了新的图层，将其命名为"图片"。按 Ctrl+J 组合键，复制图层，"图层"控制面板如图 9-27 所示。

图 9-26

图 9-27

STEP 3 选择"图像 > 自动色调"命令，调整图像的色调，效果如图 9-28 所示。选择"图像 > 调整 > 色调均化"命令，调整图像，效果如图 9-29 所示。

图 9-28

图 9-29

STEP 4 按 Ctrl + O 组合键，打开资源包中的"Ch09 > 素材 > 调整人物生活照 > 02"文件，选择"移动工具" ，将 02 图像拖曳到新建的图像窗口中适当的位置，效果如图 9-30 所示，在"图层"控制面板中生成了新的图层，将其命名为"文字"。人物生活照调整完成。

图 9-30

9.1.6　自动对比度

"自动对比度"命令可以对图像的对比度进行自动调整。按 Alt+Shift+Ctrl+L 组合键，软件可以对图像的对比度进行自动调整。

9.1.7　自动色调

"自动色调"命令可以对图像的色调进行自动调整。软件将以 0.10% 色阶调整幅度对图像进行加亮和变暗。按 Shift+Ctrl+L 组合键，软件可以对图像的色调进行自动调整。

9.1.8　自动颜色

"自动颜色"命令可以对图像的色彩进行自动调整。按 Shift+Ctrl+B 组合键，软件可以对图像的色彩进行自动调整。

9.1.9 色调均化

"色调均化"命令用于调整图像或选区中像素的亮度值，使最亮的值显示为白色、最暗的值显示为黑色，而中间值均匀分布在整个灰度图像中。选择"图像 > 调整 > 色调均化"命令，在不同的色彩模式下，图像将产生不同的效果，如图 9-31 所示。

原始图像   RGB 色彩模式色调均化的效果   CMYK 色彩模式色调均化的效果   Lab 色彩模式色调均化的效果

图 9-31

9.1.10 课堂案例——调整 App 引导页主图

案例学习目标

学习使用图像调整命令下的色阶、阴影/高光命令制作出需要的效果。

案例知识要点

使用色阶、阴影/高光命令调整曝光不足的照片，最终效果如图 9-32 所示。

效果所在位置

资源包/Ch09/效果/调整 App 引导页主图.psd。

图 9-32

调整 App 引导页主图

STEP 1 按 Ctrl+N 组合键，弹出"新建文档"对话框，设置宽度为 750 像素、高度为 1 334 像素、分辨率为 72 像素/英寸、颜色模式为 RGB、背景内容为白色，单击"创建"按钮，新建文档。

STEP 2 按 Ctrl+O 组合键，打开资源包中的"Ch09 > 素材 > 调整 App 引导页主图 > 01"文件，选择"移动工具" ，将人物图片拖曳到新建图像窗口中适当的位置，效果如图 9-33 所示，在"图层"控制面板中生成了新的图层，将其命名为"人物"。

STEP 3 选择"图像 > 调整 > 色阶"命令，在弹出的"色阶"对话框中进行设置，如图 9-34 所示，单击"确定"按钮，效果如图 9-35 所示。

 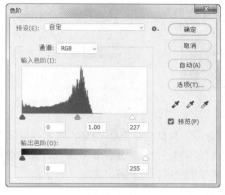 

图 9-33　　　　　　　　　　　图 9-34　　　　　　　　　　　图 9-35

STEP 4 选择"图像 > 调整 > 阴影/高光"命令，在弹出的"阴影/高光"对话框中进行设置，如图 9-36 所示，单击"确定"按钮，效果如图 9-37 所示。

STEP 5 按 Ctrl+O 组合键，打开资源包中的"Ch09 > 素材 > 调整 App 引导页主图 > 02"文件，选择"移动工具" ，将文字图像拖曳到新建图像窗口中适当的位置，效果如图 9-38 所示，在"图层"控制面板中生成了新的图层，将其命名为"文字"。App 引导页主图调整完成。

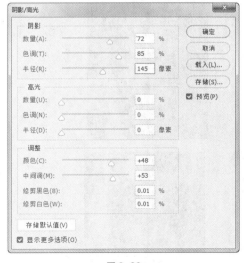  

图 9-36　　　　　　　　　　　图 9-37　　　　　　　　　　　图 9-38

9.1.11　色阶

打开一幅图像，原始效果如图 9-39 所示。选择"图像 > 调整 > 色阶"命令，或按 Ctrl+L 组合键，弹出"色阶"对话框，如图 9-40 所示。

图 9-39

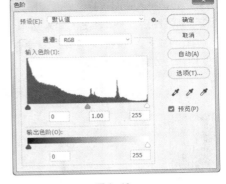

图 9-40

　　"色阶"对话框中间是一个直方图，其横坐标为 0~255，表示亮度值，纵坐标为图像的像素数值。

　　通道：可以从其下拉列表中选择不同的颜色通道来调整图像，如果想选择两个及以上的色彩通道，要先在"通道"控制面板中选择所需要的通道，再打开"色阶"对话框。

　　输入色阶：控制图像选定区域最暗和最亮的颜色，通过输入数值或拖曳三角滑块来调整图像。左侧的数值框和黑色滑块用于调整黑色，图像中低于该亮度值的所有像素都将变为黑色。中间的数值框和灰色滑块用于调整灰度，其数值范围为 0.01~9.99，数值为 1.00 时为中性灰度，数值大于 1.00 时将降低图像中间灰度，小于 1.00 时将提高图像中间灰度。右侧的数值框和白色滑块用于调整白色，图像中高于该亮度值的所有像素都将变为白色。

　　调整"输入色阶"选项的 3 个滑块后，图像产生的不同色彩效果如图 9-41 所示。

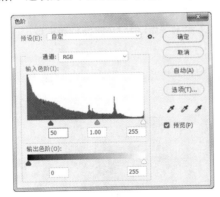

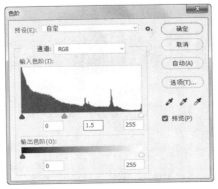

图 9-41

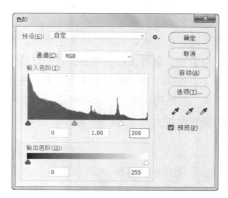

图 9-41（续）

　　输出色阶：可以通过输入数值或拖曳滑块来控制图像的亮度。左侧数值框和黑色滑块用于调整图像中最暗像素的亮度，右侧数值框和白色滑块用于调整图像中最亮像素的亮度。调整输出色阶将增加图像的灰度，降低图像的对比度。

　　调整"输出色阶"选项的 2 个滑块后，图像产生的不同色彩效果如图 9-42 所示。

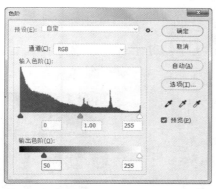

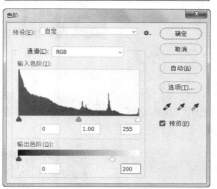

图 9-42

　　自动(A)：可以自动调整图像并设置层次。

　　选项(T)...：单击此按钮，将弹出"自动颜色校正选项"对话框，软件将以 0.10% 色阶调整幅度加亮和变暗图像。

　　取消：按住 Alt 键，该按钮转换为 **复位** 按钮，此时单击此按钮可以将调整过的色阶还原，以便重新进行设置。

　　🖋 🖋 🖋：分别为黑色吸管工具、灰色吸管工具和白色吸管工具。用黑色吸管工具在图像中单击，图像中暗于单击点的所有像素都会变为黑色；用灰色吸管工具在图像中单击，单击点的像素都会变为灰色，图像中的其他颜色也会相应地调整；用白色吸管工具在图像中单击，图像中亮于单击点的所有像素都会变为白色；双击任一吸管工具，在弹出的"颜色选择"对话框中可以设置吸管颜色。

　　预览：勾选此复选框，可以即时显示图像的调整结果。

9.1.12　渐变映射

　　打开一幅图像，原始效果如图 9-43 所示。选择"图像 > 调整 > 渐变映射"命令，弹出"渐变映射"对话框，如图 9-44 所示。单击"灰度映射所用的渐变"选项的色带，在弹出的下拉列表中设置渐变色，如图 9-45 所示。单击"确定"按钮，效果如图 9-46 所示。

图 9-43　　　　　　　　　　　　　　　　图 9-44

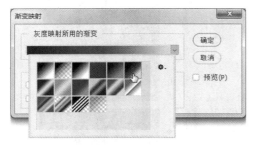

图 9-45　　　　　　　　　　　　　　　　图 9-46

9.1.13　阴影/高光

　　选择"图像 > 调整 > 阴影/高光"命令，弹出"阴影/高光"对话框，在对话框中进行设置，如图 9-47 所示。单击"确定"按钮，效果如图 9-48 所示。

图 9-47　　　　　　　　　　　　　　　　图 9-48

9.1.14　课堂案例——调整汽车宣传图

⊕ **案例学习目标**

学习使用不同的调色命令调整图片的颜色。

⊕ **案例知识要点**

使用照片滤镜命令、色阶命令和亮度/对比度命令调整图像，最终效果如图 9-49 所示。

⊕ **效果所在位置**

资源包/Ch09/效果/调整汽车宣传图.psd。

图 9-49

调整汽车宣传图

STEP⤵1 按 Ctrl+N 组合键，弹出"新建文档"对话框，设置宽度为 750 像素、高度为 1 206 像素、分辨率为 72 像素/英寸、颜色模式为 RGB、背景内容为白色，单击"创建"按钮，新建文档。

STEP⤵2 按 Ctrl + O 组合键，打开资源包中的"Ch09 > 素材 > 调整汽车宣传图 > 01"文件，如图 9-50 所示。选择"移动工具" ⊞，将 01 图像拖曳到新建的图像窗口中，在"图层"控制面板中生成了新的图层，将其命名为"汽车"。

STEP⤵3 选择"图像 > 调整 > 照片滤镜"命令，在弹出的"照片滤镜"对话框中进行设置，如图 9-51 所示，单击"确定"按钮，效果如图 9-52 所示。

图 9-50

图 9-51

图 9-52

STEP⤵4 按 Ctrl+L 组合键，在弹出的"色阶"对话框中进行设置，如图 9-53 所示，单击"确定"按钮，效果如图 9-54 所示。

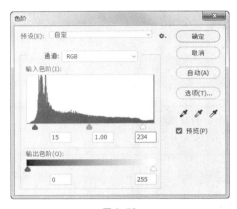

图 9-53 图 9-54

STEP 5 选择"图像 > 调整 > 亮度/对比度"命令，在弹出的"亮度/对比度"对话框中进行设置，如图 9-55 所示，单击"确定"按钮，效果如图 9-56 所示。

STEP 6 按 Ctrl + O 组合键，打开资源包中的"Ch09 > 素材 > 调整汽车宣传图 > 02"文件。选择"移动工具" ，将 02 图像拖曳到新建图像窗口中适当的位置，效果如图 9-57 所示，在"图层"控制面板中生成了新的图层，将其命名为"文字"。汽车宣传图调整完成。

图 9-55 图 9-56 图 9-57

9.1.15 亮度/对比度

"亮度/对比度"命令调整的是整个图像的色彩。打开一幅图像，如图 9-58 所示。选择"图像 > 调整 > 亮度/对比度"命令，弹出"亮度/对比度"对话框。在对话框中，可以通过拖曳"亮度"和"对比度"滑块来调整图像的亮度或对比度，如图 9-59 所示，单击"确定"按钮，调整后的图像效果如图 9-60 所示。

图 9-58 图 9-59 图 9-60

9.1.16　曲线

"曲线"命令可以通过调整图像色彩曲线上的任意一个像素点来改变图像的色彩范围。

打开一幅图像，如图 9-61 所示。选择"图像 > 调整 > 曲线"命令，或按 Ctrl+M 组合键，弹出"曲线"对话框，如图 9-62 所示。在图像中单击，如图 9-63 所示，对话框中图表的曲线上会出现一个圆圈，该圆圈的横坐标为色彩的输入值，纵坐标为色彩的输出值，如图 9-64 所示。

图 9-61

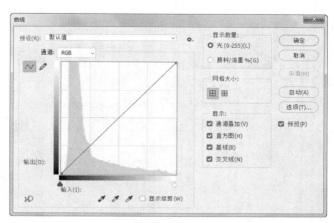

图 9-62

图 9-63

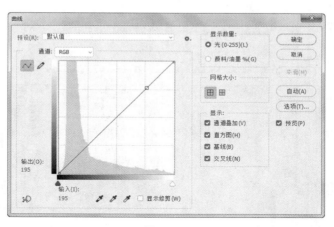

图 9-64

"通道"选项：可以选择图像的颜色调整通道。

：可以改变曲线的形状，添加或删除控制点。

输入/输出：显示图表中控制点所在位置的亮度值。

显示数量：可以选择图表的显示方式。

网格大小：可以选择图表中网格的大小。

显示：可以选择图表显示的内容。

自动(A)：可以自动调整图像的亮度。

调整不同曲线形状后的图像效果，如图 9-65 所示。

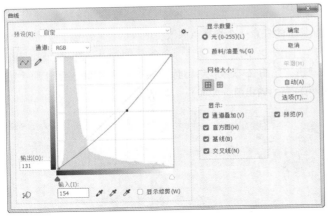

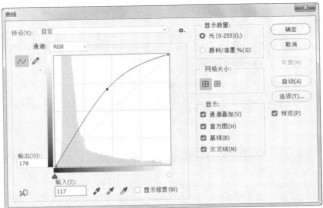

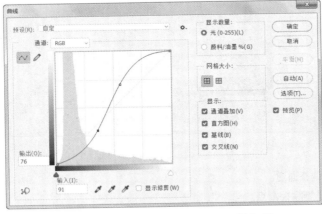

图 9-65

9.1.17　可选颜色

打开一幅图像，原始效果如图 9-66 所示。选择"图像 > 调整 > 可选颜色"命令，弹出"可选颜色"对话框，在对话框中进行设置，如图 9-67 所示。单击"确定"按钮，调整后的图像效果如图 9-68 所示。

图 9-66　　　　　　　　　　　　　　图 9-67　　　　　　　　　　　　　图 9-68

颜色：在该下拉列表中可以选择图像中含有的不同色彩，可以通过拖曳滑块调整青色、洋红、黄色、黑色的百分比。

方法：确定调整方法是"相对"还是"绝对"。

9.1.18　曝光度

选择"图像 > 调整 > 曝光度"命令，在弹出的"曝光度"对话框中进行设置，如图 9-69 所示。单击"确定"按钮，即可调整图像的曝光度，如图 9-70 所示。

图 9-69　　　　　　　　　　　　　　　　　　　　图 9-70

曝光度：调整色彩范围的高光端，对阴影的影响很小。

位移：使阴影和中间调变暗，对高光的影响很小。

灰度系数校正：使用乘方函数调整图像的灰度系数。

9.1.19　照片滤镜

"照片滤镜"命令用于模仿传统相机的滤镜效果来处理图像，通过调整图片颜色可以获得各种丰富的效果。打开一幅图像，选择"图像 > 调整 > 照片滤镜"命令，弹出"照片滤镜"对话框，如图 9-71 所示。

滤镜：用于选择颜色调整的滤镜模式。

颜色：单击此选项的图标，弹出"选择滤镜颜色"对话框，可以在对话框中设置颜色对图像添加滤镜。

浓度：拖曳此选项的滑块，设置过滤颜色的百分比。

保留明度：勾选此复选框，为图像添加滤镜，图像的白色部分颜色保持不变，取消勾选此复选框，则图像的全部颜色都会改变，效果如图 9-72 所示。

图 9-71

图 9-72

9.2 特殊颜色处理

应用特殊颜色处理命令可以使图像产生丰富的变化。

9.2.1 课堂案例——制作旅游出行微信公众号封面首图

+ 案例学习目标

学习使用调整命令调整图像颜色。

+ 案例知识要点

使用通道混合器命令和黑白命令调整图像，最终效果如图 9-73 所示。

+ 效果所在位置

资源包/Ch09/效果/制作旅游出行微信公众号封面首图.psd。

图 9-73

制作旅游出行微信
公众号封面首图

STEP 1 按 Ctrl + O 组合键，打开资源包中的"Ch09 > 素材 > 制作旅游出行微信公众号封面首图 > 01"文件，如图 9-74 所示。将"背景"图层拖曳到"图层"控制面板下方的"创建新图层"按钮上，生成了新的图层"背景 拷贝"，"图层"控制面板如图 9-75 所示。

图 9-74

图 9-75

STEP 2 选择 "图像 > 调整 > 通道混合器" 命令，在弹出的 "通道混合器" 对话框中进行设置，如图 9-76 所示，单击 "确定" 按钮，效果如图 9-77 所示。

图 9-76

图 9-77

STEP 3 按 Ctrl+J 组合键，复制 "背景 拷贝" 图层，创建新的图层并将其命名为 "黑白"。选择 "图像 > 调整 > 黑白" 命令，在弹出的 "黑白" 对话框中进行设置，如图 9-78 所示，单击 "确定" 按钮，效果如图 9-79 所示。

图 9-78

图 9-79

STEP 4 在"图层"控制面板上方，将"黑白"图层的混合模式设为"滤色"，如图 9-80 所示，效果如图 9-81 所示。

图 9-80   图 9-81

STEP 5 按住 Ctrl 键，选择"黑白"图层和"背景 拷贝"图层，按 Ctrl+E 组合键，合并两图层并将其命名为"效果"。选择"图像 > 调整 > 色相/饱和度"命令，在弹出的"色相/饱和度"对话框中进行设置，如图 9-82 所示，单击"确定"按钮，效果如图 9-83 所示。

图 9-82   图 9-83

STEP 6 按 Ctrl + O 组合键，打开资源包中的"Ch09 > 素材 > 制作旅游出行微信公众号封面首图 > 02"文件。选择"移动工具"，将 02 图像拖曳到适当的位置，效果如图 9-84 所示，在"图层"控制面板中生成了新的图层，将其命名为"文字"。旅游出行微信公众号封面首图制作完成。

图 9-84

9.2.2 去色

选择"图像 > 调整 > 去色"命令，或按 Shift+Ctrl+U 组合键，可以去除图像中的色彩，使图像变为灰度图，但图像的色彩模式并不改变。"去色"命令也可以对图像的选区使用，去除选区中图像的色彩。

9.2.3 阈值

打开一幅图像，原始效果如图 9-85 所示。选择"图像 > 调整 > 阈值"命令，弹出"阈值"对话框，在对话框中拖曳滑块或在"阈值色阶"数值框中输入数值，改变图像的阈值，软件将使大于阈值的像素颜色变为白色、小于阈值的像素颜色变为黑色，使图像反差较大，如图 9-86 所示。单击"确定"按钮，图像效果如图 9-87 所示。

图 9-85

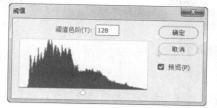

图 9-86

图 9-87

9.2.4　色调分离

选择"图像 > 调整 > 色调分离"命令，弹出"色调分离"对话框，如图 9-88 所示进行设置，单击"确定"按钮，图像效果如图 9-89 所示。

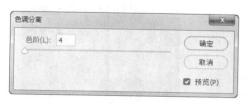

图 9-88

图 9-89

色阶：可以指定色阶数，系统将以 256 阶的亮度对图像中的像素亮度进行分配；色阶的数值越大，图像产生的变化越小。

9.2.5　替换颜色

"替换颜色"命令能够对图像中的颜色进行替换。选择"图像 > 调整 > 替换颜色"命令，弹出"替换颜色"对话框。用吸管工具在动物图像中吸取要替换的棕色，单击"结果"选项的颜色图标，弹出"选择目标颜色"对话框，将要替换的颜色设置为奶黄色，如图 9-90 所示。单击"确定"按钮，动物的棕色被替换为奶黄色，效果如图 9-91 所示。

图 9-90

图 9-91

颜色容差：用于设置颜色容差的范围，数值越大吸管工具取样的颜色范围越大，在"替换"选项组中调整图像颜色的效果越明显。

选区：选择该单选项可以创建蒙版。

9.2.6 通道混合器

选择"图像 > 调整 > 通道混合器"命令，弹出"通道混合器"对话框，在对话框中进行设置，如图 9-92 所示，单击"确定"按钮，效果如图 9-93 所示。

图 9-92

图 9-93

输出通道：可以选取要修改的通道。

源通道：可以通过拖曳滑块来调整图像。

常数：也可以通过拖曳滑块来调整图像。

单色：可创建灰度模式的图像。

所选图像的色彩模式不同，"通道混合器"对话框中的内容也不同。

9.2.7 匹配颜色

"匹配颜色"命令用于将色调不同的图片调整成一个协调的色调。打开两张不同色调的图片，选择需要调整的图片，选择"图像 > 调整 > 匹配颜色"命令，弹出"匹配颜色"对话框，在"源"选项中选择匹配文件的名称，再设置其他选项，如图 9-94 所示，单击"确定"按钮，效果如图 9-95 所示。

目标图像：显示所选择匹配文件的名称。如果当前调整的图中有选区，勾选"应用调整时忽略选区"复选框，可以忽略图中的选区调整整幅图像的颜色；不勾选"应用调整时忽略选区"复选框，则可以调整图像中选区内的颜色，效果如图 9-96、图 9-97 所示。

图像选项：可以通过拖曳滑块来调整图像的明亮度、颜色强度、渐隐，并设置"中和"选项，用来确定调整的方式。

图像统计：用于设置图像的颜色来源。

图 9-94

图 9-96

图 9-95

图 9-97

9.3　课堂练习——调整汉堡图颜色

练习知识要点

使用照片滤镜命令和阴影/高光命令调整汉堡图颜色，最终效果如图 9-98 所示。

效果所在位置

资源包/Ch09/效果/调整汉堡图颜色.psd。

图 9-98

调整汉堡图颜色

9.4 课后习题——调整舞蹈公众号运营海报

⊕ 习题知识要点

使用去色命令、色阶命令和亮度/对比度命令调整舞蹈公众号运营海报，最终效果如图 9-99 所示。

⊕ 效果所在位置

资源包/Ch09/效果/调整舞蹈公众号运营海报.psd。

图 9-99

调整舞蹈公众号
运营海报

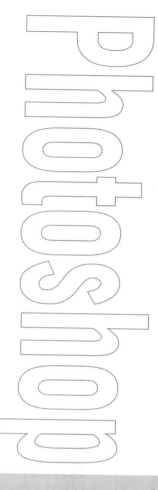

10

第 10 章
图层的应用

本章主要介绍 Photoshop CC 中图层的基本知识及应用技巧，讲解图层的混合模式、图层样式、新建填充和调整图层、图层复合及盖印图层与智能对象图层等内容。通过本章的学习，读者可以运用图层知识制作出多变的图像效果，可以对图层快速添加样式，还可以对智能对象图层单独进行编辑。

课堂学习目标

● 掌握图层的混合模式的使用方法

● 掌握图层样式的使用方法

● 掌握新建填充和调整图层的技巧

● 了解图层复合、盖印图层与智能对象图层的相关知识

10.1 图层的混合模式

混合模式在图像处理及效果制作中被广泛应用，特别是在多个图像合成方面有其独特的作用及灵活性。

10.1.1 课堂案例——合成文化创意运营海报

⊕ **案例学习目标**

学习使用混合模式融合图片。

⊕ **案例知识要点**

使用移动工具和混合模式制作创意图片，使用图层蒙版和画笔工具调整创意图片，最终效果如图 10-1 所示。

⊕ **效果所在位置**

资源包/Ch10/效果/合成文化创意运营海报.psd。

图 10-1

合成文化创意运营海报

STEP 1 按 Ctrl+N 组合键，弹出"新建文档"对话框，设置宽度为 750 像素、高度为 1 181 像素、分辨率为 72 像素/英寸、颜色模式为 RGB、背景内容为白色，单击"创建"按钮，新建文档。

STEP 2 按 Ctrl+O 组合键，打开资源包中的"Ch10 > 素材 > 合成文化创意运营海报 > 01、02"文件，选择"移动工具" ⊕，将两幅图像分别拖曳到新建的图像窗口中适当的位置，并调整其大小，效果如图 10-2 所示，在"图层"控制面板中生成了新图层，将其命名为"人物"和"风景"。

STEP 3 在"图层"控制面板上方，将"风景"图层的混合模式设为"强光"，如图 10-3 所示，图像效果如图 10-4 所示。

图 10-2

图 10-3

图 10-4

STEP　4 单击"图层"控制面板下方的"添加图层蒙版"按钮 ▣，为"风景"图层添加图层蒙版，"图层"控制面板如图 10-5 所示。将前景色设为黑色。选择"画笔工具" ✐，在属性栏中单击画笔选项右侧的按钮，在弹出的"画笔预设"选取器中选择需要的画笔形状，如图 10-6 所示。在属性栏中将"不透明度"选项设为 47%、"流量"选项设为 59%、"平滑"选项设为 49%，在图像窗口中进行涂抹，擦除不需要的部分，效果如图 10-7 所示。

|　图 10-5　|　图 10-6　|　图 10-7　|

STEP　5 按 Ctrl+O 组合键，打开资源包中的"Ch10 > 素材 > 合成文化创意运营海报 > 03"文件，选择"移动工具" ✛，将 03 图像拖曳到图像窗口中适当的位置，并调整其大小，效果如图 10-8 所示，在"图层"控制面板中生成了新图层，将其命名为"森林"。

STEP　6 在"图层"控制面板上方，将"森林"图层的混合模式设为"变亮"，如图 10-9 所示，图像效果如图 10-10 所示。

STEP　7 单击"图层"控制面板下方的"添加图层蒙版"按钮 ▣，为"森林"图层添加图层蒙版，"图层"控制面板如图 10-11 所示。选择"画笔工具" ✐，在图像窗口中进行涂抹，擦除不需要的部分，效果如图 10-12 所示。

|　图 10-8　|　图 10-9　|　图 10-10　|　图 10-11　|

STEP　8 按 Ctrl+O 组合键，打开资源包中的"Ch10 > 素材 > 合成文化创意运营海报 > 04"文件，选择"移动工具" ✛，将 04 图像拖曳到图像窗口中适当的位置，并调整其大小，效果如图 10-13 所示，在"图层"控制面板中生成了新图层，将其命名为"云"。

STEP　9 在"图层"控制面板上方，将"云"图层的混合模式设为"点光"，如图 10-14 所示，图像效果如图 10-15 所示。

STEP　10 单击"图层"控制面板下方的"添加图层蒙版"按钮 ▣，为"云"图层添加图层蒙版，

"图层"控制面板如图 10-16 所示。选择"画笔工具" ，在图像窗口中进行涂抹，擦除不需要的部分，效果如图 10-17 所示。

图 10-12 　　　　　　　图 10-13 　　　　　　　图 10-14 　　　　　　　图 10-15

STEP 11 按 Ctrl+O 组合键，打开资源包中的"Ch10 > 素材 > 合成文化创意运营海报 > 05"文件，选择"移动工具" ，将 05 图像拖曳到图像窗口中适当的位置，效果如图 10-18 所示，在"图层"控制面板中生成了新图层，将其命名为"文字"。文化创意运营海报制作完成。

图 10-16 　　　　　　　图 10-17 　　　　　　　图 10-18

10.1.2 图层混合模式的具体应用

在"图层"控制面板中， 正常 下拉列表用于设定图层的混合模式，其中包含 27 种模式。

打开一幅图像，如图 10-19 所示，"图层"控制面板如图 10-20 所示。在对"蝴蝶"图层应用不同的图层模式后，图像效果如图 10-21 所示。

图 10-19 　　　　　　　　　　　图 10-20

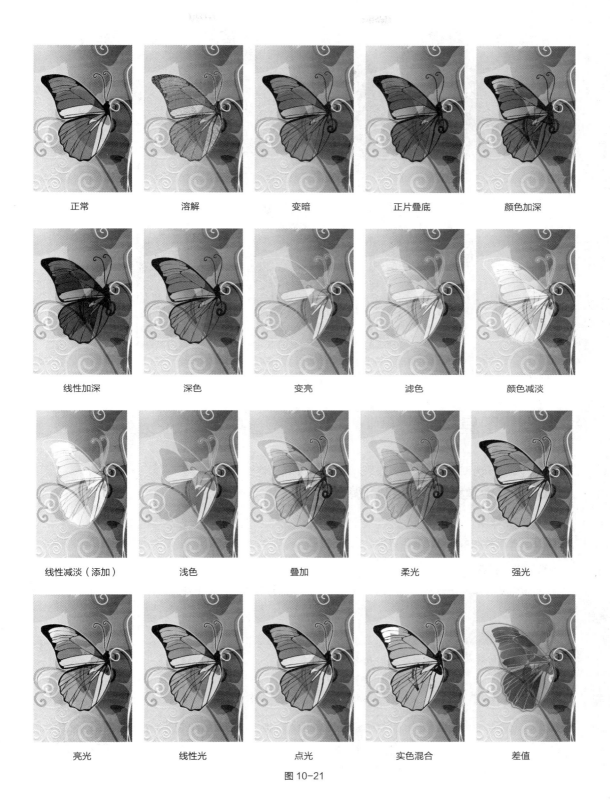

图 10-21

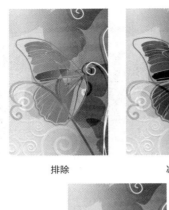

| 排除 | 减去 | 划分 | 色相 |

| 饱和度 | 颜色 | 明度 |

图 10-21（续）

10.2 图层样式

图层样式用于为图层添加不同的效果，使图层中的图像产生丰富的变化。

10.2.1 课堂案例——绘制计算器图标

⊕ 案例学习目标

学习使用图层样式绘制计算器图标。

⊕ 案例知识要点

使用圆角矩形工具和椭圆工具绘制图标底图和图标上的符号，使用图层样式制作立体效果，最终效果如图 10-22 所示。

⊕ 效果所在位置

资源包/Ch10/效果/绘制计算器图标.psd。

图 10-22

绘制计算器图标

STEP 1 按 Ctrl + N 组合键，弹出"新建文档"对话框，设置宽度为 8.5cm、高度为 8.5cm、分辨率为 150 像素/英寸、颜色模式为 RGB、背景内容为白色，单击"创建"按钮，新建文档。

STEP 2 选择"油漆桶工具" ，在属性栏中的"设置填充区域的源"下拉列表中选择"图案"，单击右侧的图案，弹出"图案选择"面板，单击面板右上方的 按钮，在打开的菜单中选择"彩色纸"命令，弹出提示对话框，单击"追加"按钮。在面板中选择需要的图案，如图 10-23 所示。在图像窗口中单击填充图像，效果如图 10-24 所示。

图 10-23   图 10-24

STEP 3 选择"圆角矩形工具" ，将属性栏中的"选择工具模式"选项设为"形状"、"半径"选项设为 80 像素，在图像窗口中拖曳鼠标指针绘制圆角矩形，效果如图 10-25 所示。单击"图层"控制面板下方的"添加图层样式"按钮 ，在弹出的菜单中选择"斜面和浮雕"命令，弹出"图层样式"对话框，将"高光模式"的颜色设为浅青色（230、234、244）、"阴影模式"的颜色设为深灰色（74、77、86），其他选项的设置如图 10-26 所示。

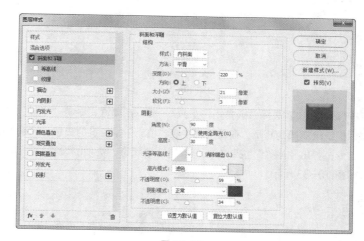

图 10-25   图 10-26

STEP 4 选择"渐变叠加"选项，切换至对应的选项卡，单击"渐变"选项右侧的编辑渐变按钮 ，弹出"渐变编辑器"对话框，将渐变色设为从浅青色（213、219、239）到青灰色（184、194、216），如图 10-27 所示。单击"确定"按钮，返回"渐变叠加"选项卡，其他选项的设置如图 10-28 所示。

STEP 5 选择"投影"选项，切换至对应的选项卡，选项的设置如图 10-29 所示，单击"确定"按钮，图像效果如图 10-30 所示。

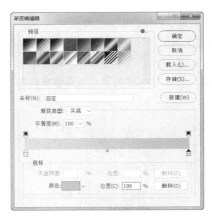

图 10-27

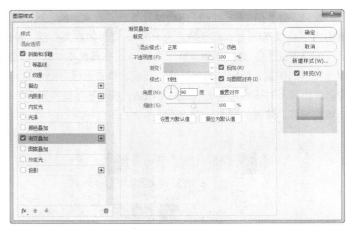

图 10-28

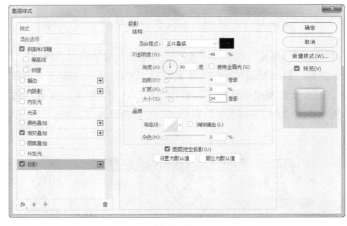

图 10-29

图 10-30

STEP 6 选择"圆角矩形工具" ，在属性栏中将"半径"选项设为 60 像素，在图像窗口中拖曳鼠标指针绘制圆角矩形，在属性栏中将"填充"颜色设为白色，效果如图 10-31 所示。选择"窗口 > 属性"命令，弹出"属性"控制面板，取消链接状态，选项的设置如图 10-32 所示，按 Enter 键确定操作，效果如图 10-33 所示。

图 10-31

图 10-32

图 10-33

STEP 7 单击"图层"控制面板下方的"添加图层样式"按钮 *fx*，在弹出的菜单中选择"斜面和浮雕"命令，在弹出的"图层样式"对话框中进行设置，如图 10-34 所示。选择"投影"选项，切换至对应的选项卡，将投影颜色设为暗灰色（95、98、104），其他选项的设置如图 10-35 所示，单击"确定"按钮，图像效果如图 10-36 所示。选择"移动工具" ⊕，按住 Alt 键将图形拖曳到适当的位置，复制图形，效果如图 10-37 所示。

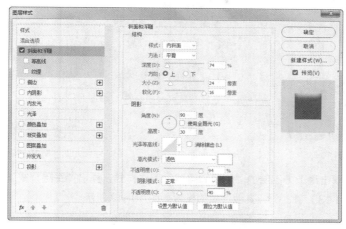

图 10-34

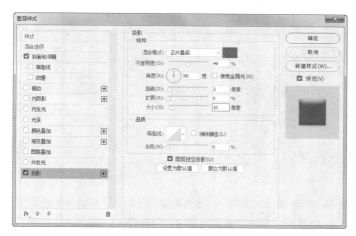

图 10-35

图 10-36

图 10-37

STEP 8 按 Ctrl+T 组合键，图形周围出现变换框，在变换框中右击，在弹出的菜单中选择"水平翻转"命令，水平翻转图形，按 Enter 键确定操作，效果如图 10-38 所示。按住 Shift 键，同时选择"圆角矩形 2"图层和"圆角矩形 2 拷贝"图层，如图 10-39 所示。

STEP 9 按住 Alt 键将图形拖曳到适当的位置，复制图形，效果如图 10-40 所示。按 Ctrl+T 组合键，图形周围出现变换框，在变换框中右击，在弹出的菜单中选择"垂直翻转"命令，垂直翻转图形，按 Enter 键确定操作，效果如图 10-41 所示。

图 10-38　　　　　　　　　　图 10-39　　　　　　　　　　图 10-40

STEP 10 双击最上方图层的"斜面和浮雕"图层样式，弹出"图层样式"对话框，将"高光模式"颜色设为暗红色（133、1、0），其他选项的设置如图 10-42 所示。

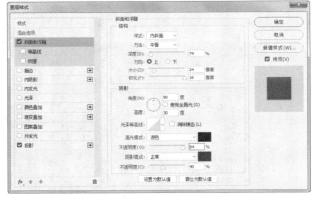

图 10-41　　　　　　　　　　　　　　　图 10-42

STEP 11 选择"颜色叠加"选项，切换至对应的选项卡，将叠加颜色设为红色（204、36、34），其他选项的设置如图 10-43 所示，单击"确定"按钮，图像效果如图 10-44 所示。

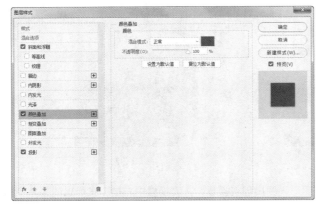

图 10-43　　　　　　　　　　　　　　　图 10-44

STEP 12 选择"椭圆工具" ，将属性栏中的"选择工具模式"设为"形状"，按住 Shift 键在图像窗口中绘制圆形。在属性栏中将"填充"颜色设为红色（204、36、34），填充图形，如图 10-45 所示。

STEP 13 单击"图层"控制面板下方的"添加图层样式"按钮 fx，在弹出的菜单中选择"渐变叠加"命令，弹出"图层样式"对话框，单击"渐变"选项右侧的编辑渐变按钮 ，弹出"渐变编辑器"对话框，将渐变色设为从红色（222、60、58）到暗红色（204、19、18），如图 10-46 所示，单击"确定"按钮。返回"渐变叠加"选项卡，其他选项的设置如图 10-47 所示。

图 10-45

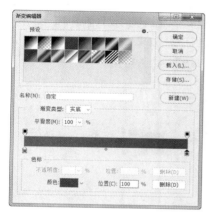

图 10-46

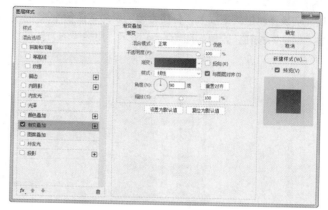

图 10-47

STEP 14 选择"外发光"选项，切换至对应的选项卡，将发光颜色设为浅红色（254、143、141），其他选项的设置如图 10-48 所示，单击"确定"按钮，效果如图 10-49 所示。

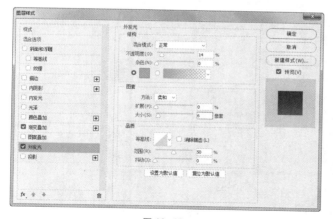

图 10-48

图 10-49

STEP 15 选择"圆角矩形工具" ，在属性栏中将"半径"选项设为 5 像素，在图像窗口中拖曳鼠标指针绘制圆角矩形，在属性栏中将"填充"颜色设为青灰色（154、174、198），填充图形，效果如图 10-50 所示。在属性栏中单击"路径操作"按钮 ，在弹出的菜单中选择"合并形状"命令，在图像窗口中绘制，如图 10-51 所示，在"图层"控制面板中生成了新图层，将其命名为"加号"。

图 10-50　　　　　　　　　　　图 10-51

STEP 16 单击"图层"控制面板下方的"添加图层样式"按钮 _fx_，在弹出的菜单中选择"描边"命令，弹出"图层样式"对话框，将描边颜色设为白色，其他选项的设置如图 10-52 所示。选择"内阴影"选项，切换至对应的选项卡，将阴影颜色设为深蓝色（28、44、62），其他选项的设置如图 10-53 所示，单击"确定"按钮，效果如图 10-54 所示。用相同的方法制作其他符号，效果如图 10-55 所示。

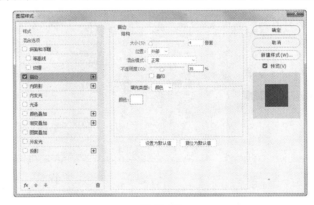

图 10-52

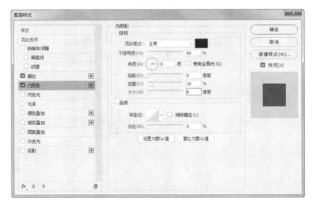

图 10-53

图 10-54　　　　　　　　　　　图 10-55

STEP 17 选中"等号"图层。双击图层样式，选择"颜色叠加"选项，弹出"图层样式"对话框，将叠加颜色设为白色，其他选项的设置如图 10-56 所示，单击"确定"按钮，效果如图 10-57 所示。计算器图标绘制完成。

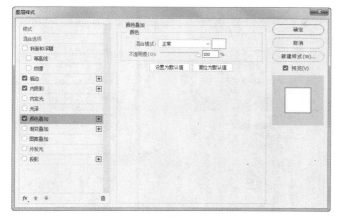

图 10-56　　　　　　　　　　　　　　　　　　　　　　图 10-57

10.2.2　样式控制面板

"样式"控制面板用于存储各种图层特效，并能将图层特效快速地套用在要编辑的对象上。

打开一幅图像，如图 10-58 所示。选择"窗口 > 样式"命令，弹出"样式"控制面板，单击"样式"控制面板右上方的 ≣ 按钮，在打开的菜单中选择"按钮"命令，弹出提示对话框，如图 10-59 所示，单击"追加"按钮，样式就被载入"样式"控制面板。选择"凹凸"样式，如图 10-60 所示，图形被添加上样式，效果如图 10-61 所示。

图 10-58　　　　　　　　　　　　　　　　图 10-59

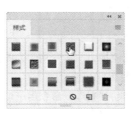

图 10-60　　　　　　　　　　　图 10-61

样式添加完成后，"图层"控制面板如图 10-62 所示。如果要删除其中的某个样式，将其直接拖曳到控制面板下方的"删除图层"按钮 🗑 上即可，如图 10-63 所示，删除样式后的面板如图 10-64 所示。

| 图 10-62 | 图 10-63 | 图 10-64 |

10.2.3　添加图层样式

Photoshop 提供了多种图层样式供用户选择，用户可以单独为图像添加一种样式，还可以同时为图像添加多种样式。

单击"图层"控制面板右上方的 ≡ 按钮，在打开的菜单中选择"混合选项"命令，弹出"图层样式"对话框，如图 10-65 所示。此对话框用于对当前图层进行特殊效果的处理。单击对话框左侧的任意选项，将切换到相应的选项卡。单击"图层"控制面板下方的"添加图层样式"按钮 fx，打开菜单，如图 10-66 所示，从中也可以选择想要添加的图层样式。

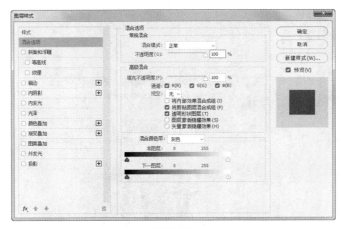

| 图 10-65 | 图 10-66 |

"斜面和浮雕"命令用于使图像产生倾斜与浮雕的效果，"描边"命令用于为图像描边，"内阴影"命令用于使图像内部产生阴影效果。应用这 3 种命令的效果如图 10-67 所示。

"内发光"命令用于在图像的边缘内部产生一种发光效果，"光泽"命令用于使图像具有光泽，"颜色叠加"命令用于使图像产生一种颜色叠加效果。应用这 3 种命令的效果如图 10-68 所示。

斜面和浮雕　　　　　　描边　　　　　　内阴影

图 10-67

内发光　　　　　　光泽　　　　　　颜色叠加

图 10-68

　　"渐变叠加"命令用于使图像产生一种渐变叠加效果，"图案叠加"命令用于在图像上添加图案，"外发光"命令用于在图像的边缘外部产生一种发光效果，"投影"命令用于使图像产生阴影效果。应用这 4 种命令的效果如图 10-69 所示。

渐变叠加　　　　　图案叠加　　　　　外发光　　　　　投影

图 10-69

10.3 新建填充和调整图层

填充和调整图层命令可以通过多种方式对图像进行填充和调整，使图像产生不同的效果。

10.3.1　课堂案例——调整化妆品图像颜色

🔍 案例学习目标

学习使用混合模式和调整图层调整图像。

🔍 **案例知识要点**

使用图层混合模式和调整图层调整图像的质感，最终效果如图 10-70 所示。

🔍 **效果所在位置**

资源包/Ch10/效果/调整化妆品图像颜色.psd。

调整化妆品图像颜色

图 10-70

STEP 1 按 Ctrl+O 组合键，打开资源包中的 "Ch10 > 素材 > 调整化妆品图像颜色 > 01" 文件，如图 10-71 所示。将 "背景" 图层拖曳到 "图层" 控制面板下方的 "创建新图层" 按钮 上，创建新的图层 "背景 拷贝"。在 "图层" 控制面板上方，将 "背景 拷贝" 图层的 "混合模式" 选项设为 "滤色"、"不透明度" 选项设为 30%，如图 10-72 所示，按 Enter 键确定操作，图像效果如图 10-73 所示。

图 10-71 　　　　　　　　图 10-72 　　　　　　　　图 10-73

STEP 2 单击 "图层" 控制面板下方的 "创建新的填充或调整图层" 按钮 ，在弹出的菜单中选择 "曝光度" 命令。在 "图层" 控制面板中创建 "曝光度 1" 图层，在 "曝光度" 控制面板中进行设置，如图 10-74 所示，按 Enter 键确定操作，图像效果如图 10-75 所示。

图 10-74 　　　　　　　　图 10-75

STEP 3 单击"图层"控制面板下方的"创建新的填充或调整图层"按钮 ●，在弹出的菜单中选择
"曲线"命令。在"图层"控制面板中创建"曲线 1"图层。在"曲线"控制面板中的曲线上单击添加控制点，
将"输入"选项设为 200、"输出"选项设为 219，如图 10-76 所示。在曲线上单击添加控制点，将"输入"
选项设为 67、"输出"选项设为 41，如图 10-77 所示，按 Enter 键确定操作，图像效果如图 10-78 所示。

图 10-76

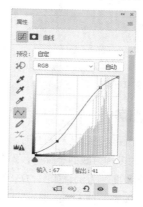

图 10-77

STEP 4 按 Ctrl + O 组合键，打开资源包中的"Ch10 > 素材 > 调整化妆品图像颜色 > 02"文
件。选择"移动工具" ⊕，将 02 图像拖曳到 01 图像窗口中适当的位置，如图 10-79 所示，在"图层"
控制面板中生成了新的图层，将其命名为"装饰"。化妆品图像颜色调整完成。

图 10-78

图 10-79

10.3.2　填充图层

需要新建填充图层时，可以选择"图层 > 新建填充图层"命令，打开包含 3 种填充图层的子菜单，如
图 10-80 所示，选择其中的一种方式将弹出"新建图层"对话框，这里以"渐变"为例，如图 10-81 所示。
单击"确定"按钮，将弹出"渐变填充"对话框，如图 10-82 所示。单击"确定"按钮，"图层"控制面
板和图像的效果如图 10-83 和图 10-84 所示。单击"图层"控制面板中的"创建新的填充或调整图层"按
钮 ●，也可完成此操作。

图 10-80

图 10-81

图 10-82　　　　　　　　　　　　图 10-83　　　　　　　　　　图 10-84

10.3.3　调整图层

当需要对一个或多个图层进行色彩调整时，可以新建调整图层。选择"图层 > 新建调整图层"命令，弹出包含调整图层色彩的多种方式的子菜单，如图 10-85 所示，选择其中一种命令将弹出"新建图层"对话框。这里以"色相/饱和度"为例，如图 10-86 所示。单击"确定"按钮，在弹出的"色相/饱和度"面板中按照图 10-87 进行调整。按 Enter 键，"图层"控制面板和图像效果如图 10-88 所示。单击"图层"控制面板中的"创建新的填充或调整图层"按钮 ，也能完成此操作。

图 10-85　　　　　　　　　　　　　　图 10-86

图 10-87　　　　　　　　　　　　图 10-88

10.4　图层复合、盖印图层与智能对象图层

应用"图层复合"、"盖印图层"、"智能对象图层"命令可以提高制作图像的效率，快速得到制作结果。

10.4.1　图层复合

将同一文件中的不同图层效果组合并另存为多个"图层效果组合"，可以对不同的图层复合的效果进行比对。

1. 图层复合与图层复合控制面板

"图层复合"控制面板可将同一文件中的不同图层效果组合并另存为多个"图层效果组合"，从而更加方便快捷地展示和比较不同图层组合设计的视觉效果。

设计好的图像效果如图 10-89 所示，"图层"控制面板如图 10-90 所示。选择"窗口 > 图层复合"命令，弹出"图层复合"控制面板，如图 10-91 所示。

图 10-89

图 10-90

图 10-91

2. 创建图层复合

单击"图层复合"控制面板右上方的 ☰ 按钮，在打开的菜单中选择"新建图层复合"命令，弹出"新建图层复合"对话框，如图 10-92 所示。单击"确定"按钮，建立"图层复合 1"，如图 10-93 所示，所建立的"图层复合 1"中存储的是当前的制作效果。

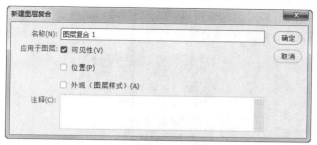

图 10-92

图 10-93

3. 应用和查看图层复合

对图像进行修饰和编辑，效果如图 10-94 所示，"图层"控制面板如图 10-95 所示。单击"图层复合"控制面板下方的"新建图层复合"按钮，单击"图层复合"控制面板中的"创建新的图层复合"按钮 ，建立"图层复合 2"，如图 10-96 所示，所建立的"图层复合 2"中存储的是修饰编辑后的制作效果。

图 10-94   图 10-95   图 10-96

4．导出图层复合

在"图层复合"控制面板中单击"图层复合 1"左侧的方框，显示▣图标，如图 10-97 所示，可以观察"图层复合 1"中存储的图像。单击"图层复合 2"左侧的方框，显示▣图标，如图 10-98 所示，可以观察"图层复合 2"中存储的图像。

图 10-97   图 10-98

单击"应用选中的上一图层复合"按钮◀和"应用选中的下一图层复合"按钮▶，可以快速地对两个编辑效果进行比较。

10.4.2 盖印图层

盖印图层用于将图像窗口中所有当前显示出来的图像合并到一个新的图层中。

在"图层"控制面板中选中一个可见图层，如图 10-99 所示，按 Alt+Shift+Ctrl+E 组合键，即可将每个图层中的图像复制并合并到一个新的图层中，如图 10-100 所示。

图 10-99   图 10-100

提 示

在执行此操作时，必须选择一个可见的图层，否则将无法执行。

10.4.3　智能对象图层

智能对象的全称为智能对象图层。智能对象可以将一个或多个图层，甚至是一个矢量图形文件嵌入 Photoshop 文件中。以智能对象形式嵌入 Photoshop 文件中的位图或矢量文件，与当前的 Photoshop 文件能够保持相对的独立性。对 Photoshop 文件进行修改或对智能对象进行变形、旋转时，不会影响嵌入的位图或矢量文件的状态。

1. 创建智能对象

选择"文件 > 置入"命令，可以为当前的图像文件置入一个矢量文件或位图文件。

选中一个或多个图层后，选择"图层 > 智能对象 > 转换为智能对象"命令，可以将选中的图层转换为智能对象。

在 Illustrator 软件中对矢量对象进行复制，回到 Photoshop 软件中可以粘贴复制的对象。

2. 编辑智能对象

智能对象及"图层"控制面板如图 10-101、图 10-102 所示。

双击"冲浪板"图层的缩览图，Photoshop 将打开一个新文件，即"冲浪板"智能对象，如图 10-103 所示。此智能对象文件包含 1 个普通图层，如图 10-104 所示。

图 10-101　　　　　　　　　图 10-102　　　　　　　　　图 10-103

在智能对象文件中对图像进行修改并保存，效果如图 10-105 所示，修改操作将影响此智能对象文件嵌入的图像的最终效果，如图 10-106 所示。

图 10-104　　　　　　　　　图 10-105　　　　　　　　　图 10-106

10.5 课堂练习——制作服饰网店首页 Banner

练习知识要点

使用移动工具添加素材图片，使用图层样式为图片添加特殊效果，使用圆角矩形工具、直线工具和横排文字工具制作品牌及活动信息，最终效果如图 10-107 所示。

效果所在位置

资源包/Ch10/效果/制作服饰网店首页 Banner.psd。

图 10-107

制作服饰网店
首页 Banner

10.6 课后习题——制作光亮环电子数码图标

习题知识要点

使用横排文字工具、自定形状工具和高斯模糊滤镜命令添加图形和文字，使用图层样式制作光亮字体，最终效果如图 10-108 所示。

效果所在位置

资源包/Ch10/效果/制作光亮环电子数码图标.psd。

图 10-108

制作光亮环电子数码图标

Photoshop CC

第 11 章
应用文字

本章主要介绍在 Photoshop CC 中文字的
应用技巧。通过本章的学习，读者可了解并掌握
文字输入与编辑的技巧，以及创建变形文字与路
径文字的技巧。

课堂学习目标

● 掌握文字输入与编辑的技巧

● 掌握创建变形文字与路径文
字的技巧

11.1 文字的输入与编辑

文字工具可以输入文字，"字符"控制面板可以对文字进行调整。

11.1.1 课堂案例——制作家装网站首页 Banner 文字

⊕ **案例学习目标**

学习使用文字工具和字符控制面板制作家装网站首页 Banner 文字。

⊕ **案例知识要点**

使用移动工具添加素材图片，使用矩形选框工具和椭圆工具绘制阴影，使用图层样式为图片添加特殊效果，使用矩形工具、横排文字工具、直排文字工具和字符面板制作品牌及活动信息，最终效果如图 11-1 所示。

⊕ **效果所在位置**

资源包/Ch11/效果/制作家装网站首页 Banner 文字.psd。

图 11-1

制作家装网站首页
Banner 文字

STEP 1 按 Ctrl+N 组合键，弹出"新建文档"对话框，设置宽度为 900 像素、高度为 383 像素、分辨率为 72 像素/英寸、颜色模式为 RGB、背景内容为白色，单击"创建"按钮，新建文档。

STEP 2 按 Ctrl+O 组合键，打开资源包中的"Ch11 > 素材 > 制作家装网站首页 Banner 文字 > 01、02"文件，选择"移动工具" ⊕，将 01 和 02 图像分别拖曳到新建的图像窗口中适当的位置，效果如图 11-2 所示，在"图层"控制面板中生成了新的图层，将其命名为"底图"和"沙发"。

STEP 3 新建图层并将其命名为"阴影 1"。将前景色设为黑色。选择"矩形选框工具" ▢，在属性栏中将"羽化"选项设为 20 像素，在图像窗口中拖曳鼠标指针绘制选区，如图 11-3 所示。按 Alt+Delete 组合键，用前景色填充选区，效果如图 11-4 所示。按 Ctrl+D 组合键取消选择选区。

图 11-2

图 11-3

图 11-4

STEP 4 将"阴影 1"图层拖曳到"沙发"图层的下方,效果如图 11-5 所示。用相同的方法绘制另一个阴影,效果如图 11-6 所示。

图 11-5

图 11-6

STEP 5 新建图层并将其命名为"阴影 3"。选择"椭圆选框工具" ,在属性栏中选中"添加到选区"按钮 ,将"羽化"选项设为 3 像素,拖曳鼠标指针在图像窗口中绘制多个选区,如图 11-7 所示。

STEP 6 按 Alt+Delete 组合键,用前景色填充选区。按 Ctrl+D 组合键取消选择选区。在"图层"控制面板上方,将该图层的"不透明度"选项设为 38%,按 Enter 键确定操作。将"阴影 3"图层拖曳到"沙发"图层的下方,效果如图 11-8 所示。

图 11-7

图 11-8

STEP 7 按 Ctrl+O 组合键,打开资源包中的"Ch11 > 素材 > 制作家装网站首页 Banner 文字 > 03"文件。选择"移动工具" ,将 03 图像拖曳到图像窗口中适当的位置,效果如图 11-9 所示,在"图层"控制面板中生成了新的图层,将其命名为"小圆桌"。

图 11-9

STEP 8 新建图层并将其命名为"阴影 4"。选择"椭圆选框工具" ,在属性栏中将"羽化"选项设为 2 像素,拖曳鼠标指针在图像窗口中绘制选区,如图 11-10 所示。按 Alt+Delete 组合键用前景色填充选区。按 Ctrl+D 组合键取消选择选区。在"图层"控制面板上方,将该图层的"不透明度"选项设为 29%,按 Enter 键确定操作,效果如图 11-11 所示。将"阴影 4"图层拖曳到"小圆桌"图层的下方,效果如图 11-12 所示。

图 11-10　　　　　　　图 11-11　　　　　　　图 11-12

STEP 9 用相同的方法添加 04 图像并制作阴影，效果如图 11-13 所示。按 Ctrl+O 组合键，打开资源包中的 "Ch11 > 素材 > 制作家装网站首页 Banner 文字 > 05" 文件。选择 "移动工具" ，将 05 图像拖曳到图像窗口中适当的位置，效果如图 11-14 所示，在 "图层" 控制面板中生成了新的图层，将其命名为 "挂画"。

图 11-13　　　　　　　　　　　　　　　图 11-14

STEP 10 单击 "图层" 控制面板下方的 "添加图层样式" 按钮 ，在打开的菜单中选择 "投影" 命令，在弹出的 "图层样式" 对话框中进行设置，如图 11-15 所示，单击 "确定" 按钮，效果如图 11-16 所示。

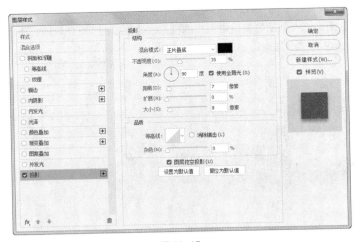

图 11-15　　　　　　　　　　　　　　图 11-16

STEP 11 单击 "图层" 控制面板下方的 "创建新的填充或调整图层" 按钮 ，在打开的菜单中选择 "自然饱和度" 命令，在 "图层" 控制面板中创建 "自然饱和度 1" 图层，同时在 "自然饱和度" 控制面板中进行设置，如图 11-17 所示，按 Enter 键确定操作，图像效果如图 11-18 所示。

图 11-17

图 11-18

STEP 12 单击"图层"控制面板下方的"创建新的填充或调整图层"按钮 ◎，在打开的菜单中选择"照片滤镜"命令，在"图层"控制面板中创建"照片滤镜 1"图层，在"照片滤镜"控制面板中将"滤镜"选项设为青，其他选项的设置如图 11-19 所示，按 Enter 键确定操作，图像效果如图 11-20所示。

图 11-19

图 11-20

STEP 13 选择"矩形工具" ▢，在属性栏中的"选择工具模式"下拉列表中选择"形状"，将"填充"选项设为无、"描边"颜色设为灰色（156、163、163）、"描边宽度"选项设为 2.5 像素，拖曳鼠标指针在图像窗口中绘制矩形，效果如图 11-21 所示。

STEP 14 在"图层"控制面板上方，将该图层的"不透明度"选项设为 60%，按 Enter 键确定操作，图像效果如图 11-22 所示。

STEP 15 选择"移动工具" ✛，按住 Alt 键将矩形拖曳到适当的位置，复制矩形。选择"矩形工具" ▢，在属性栏中将"描边"颜色设为深灰色（67、67、67）、"描边宽度"选项设为 4 像素，效果如图 11-23 所示。在"图层"控制面板上方，将该图层的"不透明度"选项设为 70%，按 Enter 键确定操作，图像效果如图 11-24 所示。

图 11-21

图 11-22

图 11-23

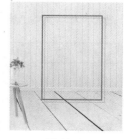

图 11-24

STEP 16 选择"横排文字工具" T，在适当的位置输入文字并选取。选择"窗口 > 字符"命令，弹出"字符"控制面板，在控制面板中将"颜色"设为灰色（75、75、75），其他选项的设置如图 11-25 所示，按 Enter 键确定操作，效果如图 11-26 所示。再次在适当的位置输入文字并选取，在"字符"控制面板中进行设置，如图 11-27 所示，按 Enter 键确定操作，效果如图 11-28 所示。在"图层"控制面板中分别生成了新的文字图层。

图 11-25

图 11-26

图 11-27

图 11-28

STEP 17 选择"直排文字工具" IT，在适当的位置输入文字并选取。在"字符"控制面板中将"颜色"设为灰色（75、75、75），其他选项的设置如图 11-29 所示，按 Enter 键确定操作。在"图层"控制面板中生成了新的文字图层，效果如图 11-30 所示。

STEP 18 按 Ctrl+O 组合键，打开资源包中的"Ch11 > 素材 > 制作家装网站首页 Banner 文字 > 06"文件。选择"移动工具" ⊕，将 06 图像拖曳到图像窗口中适当的位置，效果如图 11-31 所示，在"图层"控制面板中生成了新的图层，将其命名为"花瓶"。家装网站首页 Banner 文字制作完成。

图 11-29

图 11-30

图 11-31

11.1.2 输入水平、垂直文字

选择"横排文字工具" T，或按 T 键，其属性栏状态如图 11-32 所示。

图 11-32

图 11-32 中部分选项的功能介绍如下。

切换文本取向 ⤧：用于切换文字输入的方向。

字体 Adobe 黑体 Std：用于设置文字的字体及样式。

字体大小 **T** `12点`：用于设置字体的大小。

字体消除锯齿 **a** `锐利`：用于消除文字的锯齿，包括无、锐利、犀利、浑厚、平滑、Windows LCD 和 Windows 七个选项。

对齐方式：用于设置文字的对齐方式，分别是左对齐、居中对齐和右对齐。

颜色：用于设置文字的颜色。

创建文字变形 **工**：用于对文字进行变形操作。

切换字符和段落面板：用于打开"段落"和"字符"控制面板。

从文本创建 3D **3D**：用于从文本图层创建 3D 对象。

选择"直排文字工具" **IT**，可以在图像中创建直排文字。"直排文字工具"属性栏和"横排文字工具"属性栏的功能基本相同，这里就不再赘述。

11.1.3　创建文字形状选区

选择"横排文字蒙版工具" **T**，可以在图像中创建文本的选区，"横排文字蒙版工具"属性栏和"横排文字工具"属性栏的功能基本相同，这里就不再赘述。

选择"直排文字蒙版工具" **IT**，可以在图像中创建垂直文本的选区，"直排文字蒙版工具"属性栏和"直排文字工具"属性栏的功能基本相同，这里就不再赘述。

11.1.4　字符设置

"字符"控制面板用于编辑文本字符。

图 11-33

选择"窗口 > 字符"命令，弹出"字符"控制面板，如图 11-33 所示。

字体 `Adobe 黑体 Std`：单击选项右侧的 按钮，可在下拉列表中选择字体。

字体大小 **T** `12点`：可以在选项的数值框中直接输入数值，也可以单击右侧的 按钮，在下拉列表中选择表示字体大小的数值，从而调整字体的大小。

设置行距 `自动`：在选项的数值框中直接输入数值，或单击选项右侧的 按钮，在下拉列表中选择需要的行距数值，都可以调整文本段落的行距，数值不同时的文字效果如图 11-34 所示。

数值为自动时的文字效果

数值为 40 时的文字效果

数值为 75 时的文字效果

图 11-34

设置两个字符间的字距微调 `V/A`：在两个字符间插入鼠标指针，在选项的数值框中输入数值，或单击选项右侧的 按钮，在下拉列表中选择需要的字距数值，均可调整两个字符间的字距。输入正值时，字符的间距加大；输入负值时，字符的间距缩小。数值不同时的文字效果如图 11-35 所示。

设置所选字符的字距调整 `VA`：在选项的数值框中直接输入数值，或单击选项右侧的 按钮，在下拉列表中选择字距数值，都可以调整文本段落的字距。输入正值时，字距加大；输入负值时，字距缩小。数值不同时的文字效果如图 11-36 所示。

数值为 0 时的文字效果   数值为 200 时的文字效果   数值为-200 时的文字效果

图 11-35

数值为 0 时的文字效果   数值为 75 时的文字效果   数值为-75 时的文字效果

图 11-36

设置所选字符的比例间距 0% ：在选项的下拉列表中选择百分比值，可以对所选字符的比例间距进行细微的调整，百分比不同时的文字效果如图 11-37 所示。

百分比为 0%时的文字效果   百分比为 100%时的文字效果

图 11-37

垂直缩放 100% ：在选项的数值框中直接输入百分比值，可以调整字符的高度，百分比不同时的文字效果如图 11-38 所示。

百分比为 100%时的文字效果   百分比为 80%时的文字效果   百分比为 120%时的文字效果

图 11-38

水平缩放 100% ：在选项的数值框中输入百分比值，可以调整字符的宽度，百分比不同时的文字效果如图 11-39 所示。

百分比为 100%时的文字效果

百分比为 80%时的文字效果

百分比为 120%时的文字效果

图 11-39

设置基线偏移 ：选中字符，在选项的数值框中直接输入数值，可以使字符上下移动。输入正值时，水平字符上移，直排字符右移；输入负值时，水平字符下移，直排字符左移，效果如图 11-40 所示。

选中字符

数值为 20 时的文字效果

数值为-20 时的文字效果

图 11-40

设置文本颜色 ：在图标上单击，弹出"选择文本颜色"对话框，在对话框中设置需要的颜色后，单击"确定"按钮，可改变文字的颜色。

设定字符形式 ：从左到右依次为"仿粗体"按钮 、"仿斜体"按钮 、"全部大写字母"按钮 、"小型大写字母"按钮 、"上标"按钮 、"下标"按钮 、"下划线"按钮 和"删除线"按钮 。单击不同的按钮，可得到不同的字符形式，效果如图 11-41 所示。

正常效果

仿粗体效果

仿斜体效果

全部大写字母效果

小型大写字母效果

上标效果

图 11-41

下标效果   下划线效果   删除线效果

图 11-41（续）

语言设置 ⬚⬚⬚⬚⬚⬚ ：单击选项右侧的 ⬚ 按钮，可在下拉列表中选择需要的语言，主要用于对所选字符进行有关连字符和拼写规则的语言设置。

设置消除锯齿的方法 ⁿₐ 锐利 ⬚ ：包括无、锐利、犀利、浑厚、平滑、Windows LCD 和 Windows 七种消除锯齿的方法。

11.1.5　输入段落文字

建立段落文字图层就是以段落文字框的方式建立文字图层。选择"横排文字工具" T.，将鼠标指针移动到图像窗口中，鼠标指标变为 I 图标。在图像窗口中单击并按住鼠标左键不放，拖曳在图像窗口中创建一个段落文本框，如图 11-42 所示。插入点显示在文本框的左上角。段落文本框具有自动换行的功能，如果输入的文字较多，当文字碰到文本框边缘时，会自动换到下一行显示。输入文字，效果如图 11-43 所示。

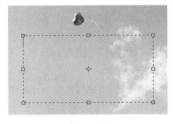
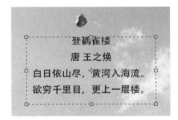

图 11-42   图 11-43

如果输入的文字需要分段，可以按 Enter 键，还可以对文本框进行旋转、拉伸等操作。

11.1.6　段落设置

选择"窗口 > 段落"命令，弹出"段落"控制面板，如图 11-44 所示。

▤▤▤：用于调整文本段落中每行文字的对齐方式，包括左对齐、中间对齐、右对齐。

▤▤▤：用于调整段落最后一行文字的对齐方式，包括段落最后一行文字左对齐、段落最后一行文字中间对齐、段落最后一行文字右对齐。

全部对齐 ▤：用于设置整个段落中的行两端对齐。

左缩进 ▪▤：在选项的数值框中输入数值可以设置段落左端的缩进量。

右缩进 ▤▪：在选项的数值框中输入数值可以设置段落右端的缩进量。

首行缩进 ▪▤：在选项的数值框中输入数值可以设置段落第一行文字的缩进量。

图 11-44

段前添加空格 ▪▤：在选项的数值框中输入数值可以设置当前段落与前一段落的距离。

段后添加空格 ▪▤：在选项的数值框中输入数值可以设置当前段落与后一段落的距离。

避头尾法则设置、间距组合设置：用于设置段落的样式。

连字：用于设置文字是否用连字符连接。

11.1.7　栅格化文字

"图层"控制面板中文字图层的效果如图 11-45 所示，选择"文字 > 栅格化文字图层"命令，可以将文字图层转换为图像图层，如图 11-46 所示，也可以右击文字图层，在弹出的菜单中选择"栅格化文字"命令对图层进行栅格化。

图 11-45

图 11-46

11.1.8　载入文字的选区

使用文字工具在图像窗口中输入文字后，在"图层"控制面板中会自动生成文字图层，可以将此文字图层载入选区。按住 Ctrl 键单击文字图层的缩览图，即可载入文字选区。

11.2　创建变形文字与路径文字

在 Photoshop CC 中，应用创建变形文字与路径文字命令可以制作出多样的文字变形效果。

11.2.1　课堂案例——制作爱宝课堂公众号封面首图

⊕ **案例学习目标**

学习使用文字工具、创建文字变形按钮制作出需要的多种文字效果。

⊕ **案例知识要点**

使用横排文字工具和创建文字变形命令制作文字变形效果，使用斜面和浮雕命令和图层样式为文字添加特殊效果，最终效果如图 11-47 所示。

⊕ **效果所在位置**

资源包/Ch11/效果/制作爱宝课堂公众号封面首图.psd。

图 11-47

制作爱宝课堂公众号
封面首图

STEP 1 按 Ctrl+O 组合键，打开资源包中的"Ch11 > 素材 > 制作爱宝课堂公众号封面首图 > 01"文件，如图 11-48 所示。

STEP 2 将前景色设为黄色（255、229、2）。选择"横排文字工具" <u>T.</u>，在适当的位置输入文字并选取，在属性栏中选择合适的字体并设置大小，单击"居中对齐文本"按钮 <u>≡</u>，效果如图 11-49 所示，在"图层"控制面板中生成了新的文字图层。

| 图 11-48 | 图 11-49 |

STEP 3 按 Ctrl+T 组合键，弹出"字符"控制面板，将"设置所选字符的字距调整" <u>VA 0 ∨</u> 选项设置为-25，其他选项的设置如图 11-50 所示，按 Enter 键确定操作，效果如图 11-51 所示。

| 图 11-50 | 图 11-51 |

STEP 4 选择"横排文字工具" <u>T.</u>，分别选取文字"爱""宝""课""堂"，在属性栏中设置不同的文字大小，效果如图 11-52 所示。单击属性栏中的"创建文字变形"按钮 <u>工</u>，在弹出的"变形文字"对话框中进行设置，如图 11-53 所示，单击"确定"按钮，效果如图 11-54 所示。

| 图 11-52 | 图 11-53 |

STEP 5 单击"图层"控制面板下方的"添加图层样式"按钮 <u>fx</u>，在打开的菜单中选择"斜面和浮雕"命令，在弹出的"图层样式"对话框中进行设置，如图 11-55 所示。

图 11-54

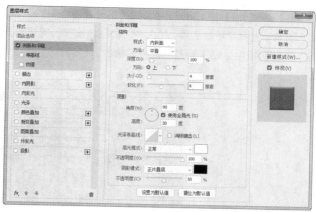

图 11-55

STEP 6 选择"描边"选项，切换到对应的选项卡中，将描边颜色设为紫色（125、0、172），其他选项的设置如图 11-56 所示，单击"确定"按钮，效果如图 11-57 所示。

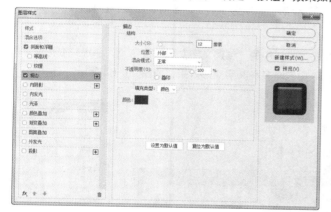

图 11-56

图 11-57

STEP 7 选择"椭圆工具" ，在属性栏的"选择工具模式"选项中选择"形状"，将"填充"颜色设为紫色（125、0、172）、"描边"颜色设为无，在图像窗口中绘制一个椭圆，效果如图 11-58 所示，在"图层"控制面板中生成了新的形状图层"椭圆 1"。

STEP 8 将"椭圆 1"形状图层拖曳到"爱宝课堂 开课了"文字图层的下方，"图层"控制面板如图 11-59 所示，图像效果如图 11-60 所示。

图 11-58

图 11-59

图 11-60

STEP 9 按 Ctrl+O 组合键，打开资源包中的"Ch11 > 素材 > 制作爱宝课堂公众号封面首图 > 02"文件，选择"移动工具" ⊕，将 02 图像拖曳到图像窗口中适当的位置，效果如图 11-61 所示。在"图层"控制面板中生成了新图层，将其命名为"装饰"。爱宝课堂公众号封面首图制作完成。

图 11-61

11.2.2 变形文字

应用变形文字命令可以对文字进行多种样式的变形，如扇形、旗帜、波浪、膨胀、扭转等。

1. 制作扭曲变形文字

在图像中输入文字，如图 11-62 所示。单击属性栏中的"创建文字变形"按钮 ⊥，弹出"变形文字"对话框，如图 11-63 所示，在"样式"下拉列表中包含多种文字变形效果，如图 11-64 所示。

图 11-62   图 11-63   图 11-64

不同的文字变形效果如图 11-65 所示。

2. 修改变形效果

如果要修改文字的变形效果，可以打开"变形文字"对话框，在对话框中重新设置样式或更改当前应用样式的选项。

3. 取消文字变形效果

如果要取消文字的变形效果，可以打开"变形文字"对话框，在"样式"下拉列表中选择"无"。

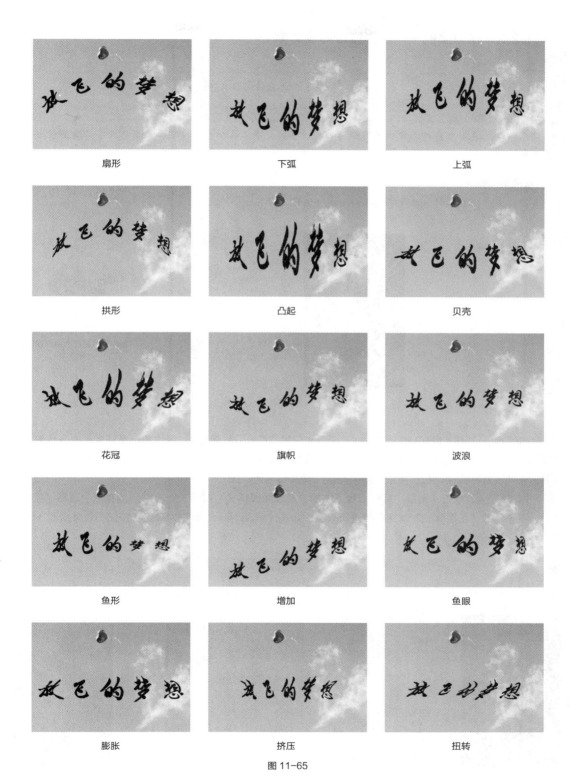

图 11-65

11.2.3 课堂案例——制作宣传海报文字

案例学习目标

学习使用绘图工具和文字工具制作招牌半筋半肉面宣传海报文字。

案例知识要点

使用移动工具添加素材图片，使用椭圆工具、横排文字工具和字符控制面板制作文字，使用横排文字工具和矩形工具添加其他相关信息，最终效果如图 11-66 所示。

效果所在位置

资源包/Ch11/效果/制作招牌半筋半肉面宣传海报文字.psd。

图 11-66

制作招牌半筋半肉面宣传
海报文字

STEP 1 按 Ctrl+O 组合键，打开资源包中的"Ch11 > 素材 > 制作招牌半筋半肉面宣传海报文字 > 01、02"文件。选择"移动工具" ⊕，将 02 图像拖曳到 01 图像窗口中适当的位置，效果如图 11-67 所示，在"图层"控制面板中生成了新的图层，将其命名为"面"。

STEP 2 单击"图层"控制面板下方的"添加图层样式"按钮 ƒx，在弹出的菜单中选择"投影"命令，在弹出的"图层样式"对话框中进行设置，如图 11-68 所示，单击"确定"按钮，效果如图 11-69 所示。

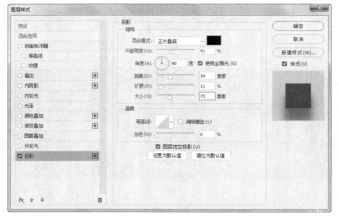

图 11-67　　　　　　　　　　　　　　图 11-68　　　　　　　　　　　　　　图 11-69

STEP 3 选择"椭圆工具" ○ ，将属性栏中的"选择工具模式"选项设为"路径"，在图像窗口中绘制一个椭圆形路径，效果如图 11-70 所示。

STEP 4 将前景色设为白色。选择"横排文字工具" T ，在属性栏中选择合适的字体并设置文字大小，将鼠标指针放置在路径上时会变为 ↕ 图标，单击出现一个带有选中文字的文字区域，单击处成为输入文字的起始点。输入需要的文字，效果如图 11-71 所示，在"图层"控制面板中生成了新的文字图层。

STEP 5 选取输入的文字，按 Ctrl+T 组合键，弹出"字符"控制面板，将"设置所选字符的字距调整" VA 0 选项设置为-450，其他选项的设置如图 11-72 所示，按 Enter 键确定操作，效果如图 11-73 所示。

图 11-70

图 11-71

图 11-72

图 11-73

STEP 6 选取文字"筋半肉"，在属性栏中设置文字大小为 220 点，效果如图 11-74 所示。在文字"肉"的右侧单击插入鼠标指针，在"字符"控制面板中，将"设置两个字符间的字距微调" VA 0 选项设置为 60，其他选项的设置如图 11-75 所示，按 Enter 键确定操作，效果如图 11-76 所示。

图 11-74

图 11-75

图 11-76

STEP 7 用步骤 3~6 所述方法制作其他路径文字，效果如图 11-77 所示。按 Ctrl+O 组合键，打开资源包中的"Ch11 > 素材 > 制作招牌半筋半肉面宣传海报文字 > 03"文件，选择"移动工具" ✛ ，将 03 图像拖曳到图像窗口中适当的位置，效果如图 11-78 所示，在"图层"控制面板中生成了新图层，将其命名为"筷子"。

STEP 8 将前景色设为浅棕色（209、192、165）。选择"横排文字工具" T ，在适当的位置输入文字并选取，在属性栏中选择合适的字体并设置大小，效果如图 11-79 所示，在"图层"控制面板中生成了新的文字图层。

图 11-77

图 11-78

图 11-79

STEP 9 将前景色设为白色。选择"横排文字工具" T,，在适当的位置输入文字并选取，在属性栏中选择合适的字体并设置大小，效果如图 11-80 所示，在"图层"控制面板中生成了新的文字图层。

STEP 10 选取文字"订餐……**"，在"字符"控制面板中，将"设置所选字符的字距调整" VA 0 选项设为 75，其他选项的设置如图 11-81 所示，按 Enter 键确定操作，效果如图 11-82 所示。

图 11-80

图 11-81

图 11-82

STEP 11 选取数字"400-78**89**"，在属性栏中选择合适的字体并设置大小，效果如图 11-83 所示。选取符号"**"，在"字符"控制面板中，将"设置基线偏移" A↨ 0点 选项设为-15，其他选项的设置如图 11-84 所示，按 Enter 键确定操作，效果如图 11-85 所示。

图 11-83

图 11-84

图 11-85

STEP 12 用相同的方法调整另一组符号，效果如图 11-86 所示。将前景色设为浅棕色（209、192、165）。选择"横排文字工具" T,，在适当的位置输入文字并选取，在属性栏中选择合适的字体并设置大小，效果如图 11-87 所示，在"图层"控制面板中生成了新的文字图层。

图 11-86

图 11-87

STEP 13 在"字符"控制面板中，将"设置所选字符的字距调整" 选项设为 340，其他选项的设置如图 11-88 所示，按 Enter 键确定操作，效果如图 11-89 所示。

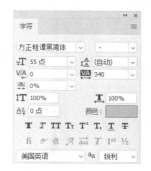

图 11-88

图 11-89

STEP 14 选择"矩形工具" ，将属性栏中的"选择工具模式"选项设为"形状"、"填充"颜色设为浅棕色（209、192、165）、"描边"颜色设为无，在图像窗口中绘制一个矩形，效果如图 11-90 所示，在"图层"控制面板中生成了新的形状图层"矩形 1"。

STEP 15 将前景色设为黑色。选择"横排文字工具" ，在适当的位置输入文字并选取，在属性栏中选择合适的字体并设置大小，效果如图 11-91 所示，在"图层"控制面板中生成了新的文字图层。

图 11-90

图 11-91

STEP 16 在"字符"控制面板中，将"设置所选字符的字距调整" 选项设为 340，其他选项的设置如图 11-92 所示，按 Enter 键确定操作，效果如图 11-93 所示。招牌半筋半肉面宣传海报文字制作完成，效果如图 11-94 所示。

图 11-92   图 11-93   图 11-94

11.2.4 路径文字

用户可以将文字建立在路径上，并应用路径对文字进行调整。

1. 在路径上创建文字

选择"钢笔工具" ，在图像中绘制一条路径，如图 11-95 所示。选择"横排文字工具" ，将鼠标指针放在路径上，鼠标指针将变为 图标，如图 11-96 所示。单击路径出现闪烁的光标，此处为输入文字的起始点。输入的文字会沿着路径的形状进行排列，效果如图 11-97 所示。

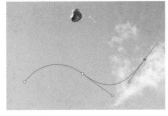

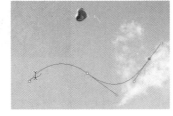

图 11-95   图 11-96   图 11-97

文字输入完成后，在"路径"控制面板中会自动生成文字路径图层，如图 11-98 所示。取消"视图 > 显示额外内容"命令的选中状态，可以隐藏文字路径，如图 11-99 所示。

图 11-98   图 11-99

提示

"路径"控制面板中的文字路径图层与"图层"控制面板中相应的文字图层是链接的，删除文字图层时，文字的路径图层会自动被删除，删除其他工作路径不会对文字的排列产生影响。如果要修改文字的排列形状，需要对文字路径进行修改。

2. 在路径上移动文字

选择"路径选择工具" ，将鼠标指针放置在文字上，鼠标指针显示为 图标，如图 11-100 所示。在路径上单击并沿着路径拖曳鼠标指针，可以移动文字，效果如图 11-101 所示。

图 11-100　　　　　　　　　　图 11-101

3. 在路径上翻转文字

选择"路径选择工具" ，将鼠标指针放置在文字上，鼠标指针显示为 图标，如图 11-102 所示。将文字向路径下方拖曳，可以沿路径翻转文字，效果如图 11-103 所示。

图 11-102　　　　　　　　　　图 11-103

4. 修改路径绕排文字的形态

选择"直接选择工具" ，在路径上单击，路径上显示出控制手柄，拖曳控制手柄修改路径的形状，如图 11-104 所示。文字会按照修改后的路径进行排列，效果如图 11-105 所示。

图 11-104　　　　　　　　　　图 11-105

11.3　课堂练习——制作服饰类 App 主页 Banner 文字

练习知识要点

使用横排文字工具输入文字，使用栅格化文字命令将文字转换为图像，使用变换命令制作文字特效，使用图层样式添加文字描边，使用钢笔工具绘制高光，使用多边形套索工具绘制装饰图形，最终效果如图 11-106 所示。

效果所在位置

资源包/Ch11/效果/制作服饰类 App 主页 Banner 文字.psd。

图 11-106

制作服饰类 App 主页
Banner 文字

11.4 课后习题——制作休闲鞋详情页主图

习题知识要点

使用横排文字工具添加文字，使用变换命令变换文字，使用文字变形命令将文字变形，使用字符控制面板编辑文字，最终效果如图 11-107 所示。

效果所在位置

资源包/Ch11/效果/制作休闲鞋详情页主图.psd。

图 11-107

制作休闲鞋详情页主图

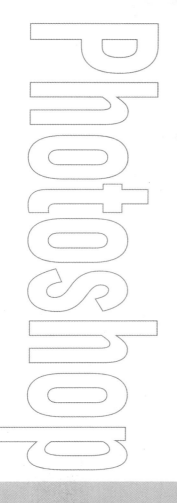

Chapter

12

第 12 章
通道与蒙版

本章主要介绍在 Photoshop CC 中通道与蒙版的使用方法。通过本章的学习，读者将掌握通道的基本操作和计算方法，以及各类蒙版的创建方法和使用技巧，从而可以快速、准确地创作出精美的图像。

课堂学习目标

● 掌握通道的基本操作方法

● 掌握通道计算和通道蒙版的
  使用方法

● 掌握图层蒙版的使用方法

● 掌握剪贴蒙版与矢量蒙版的
  创建方法

12.1 通道的操作

在"通道"控制面板中可以对通道进行创建、复制、删除、分离、合并等操作。

12.1.1 课堂案例——抠出婚纱人物图

⊕ 案例学习目标

学习使用通道控制面板抠出婚纱人物图。

⊕ 案例知识要点

使用钢笔工具绘制选区，使用色阶命令调整图片，使用通道控制面板和计算命令抠出图像，使用移动工具添加文字，最终效果如图 12-1 所示。

⊕ 效果所在位置

资源包/Ch12/效果/抠出婚纱人物图.psd。

图 12-1

抠出婚纱人物图

STEP ↘1 按 Ctrl+O 组合键，打开资源包中的"Ch12 > 素材 > 抠出婚纱人物图 > 01"文件，如图 12-2 所示。

STEP ↘2 选择"钢笔工具" ∅，将属性栏中的"选择工具模式"选项设为"路径"，沿着人物的轮廓绘制路径，绘制时要避开半透明的婚纱，如图 12-3 所示。调整路径，效果如图 12-4 所示。

图 12-2   图 12-3   图 12-4

STEP 3 按 Ctrl+Enter 组合键，将路径转换为选区，如图 12-5 所示。单击 "通道" 控制面板下方的 "将选区存储为通道" 按钮 ▫，将选区存储为通道，如图 12-6 所示。按 Ctrl+D 组合键取消选择选区。

STEP 4 将 "蓝" 通道拖曳到 "通道" 控制面板下方的 "创建新通道" 按钮 ▫ 上，复制通道，"通道" 控制面板如图 12-7 所示。选择 "钢笔工具" ✐.，在图像窗口中绘制路径，如图 12-8 所示。按 Ctrl+Enter 组合键，将路径转换为选区，效果如图 12-9 所示。

图 12-5

图 12-6

图 12-7

图 12-8

图 12-9

STEP 5 将前景色设为黑色。按 Alt+Delete 组合键，用前景色填充选区。按 Ctrl+D 组合键取消选择选区，效果如图 12-10 所示。选择 "图像 > 计算" 命令，在弹出的 "计算" 对话框中进行设置，如图 12-11 所示，单击 "确定" 按钮，得到新的通道图像，效果如图 12-12 所示。

图 12-10

图 12-11

图 12-12

STEP 6 选择 "图像 > 调整 > 色阶" 命令，在弹出的 "色阶" 对话框中进行设置，如图 12-13 所示，单击 "确定" 按钮，效果如图 12-14 所示。按住 Ctrl 键单击 "Alpha2" 通道的缩览图，如图 12-15 所示，载入选区，效果如图 12-16 所示。

STEP 7 单击 "RGB" 通道，显示彩色图像。单击 "图层" 控制面板下方的 "添加图层蒙版" 按钮 ▫，添加图层蒙版，如图 12-17 所示，抠出整体婚纱人物图像，效果如图 12-18 所示。

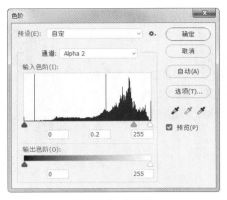

图 12-13　　　　　　　　　　　图 12-14　　　　　　　　　　　图 12-15

STEP 8 按住 Ctrl 键，单击"图层"控制面板下方的"创建新图层"按钮，在当前层的下方创建新的图层并将其命名为"背景"。将前景色设为灰色（142、153、165）。按 Alt+Delete 组合键，用前景色填充"背景"图层，效果如图 12-19 所示。

图 12-16　　　　　　　　图 12-17　　　　　　　　图 12-18　　　　　　　　图 12-19

STEP 9 选中"图层 0"图层并将其重命名为"婚纱照"。按 Ctrl+L 组合键，弹出"色阶"对话框，选项的设置如图 12-20 所示，单击"确定"按钮，图像效果如图 12-21 所示。

STEP 10 按 Ctrl+O 组合键，打开资源包中的"Ch12 > 素材 > 抠出婚纱人物图 > 02"文件。选择"移动工具"，将 02 图像拖曳到 01 图像窗口中适当的位置，效果如图 12-22 所示，在"图层"控制面板中生成了新的图层，将其命名为"文字"。婚纱人物图抠出完成。

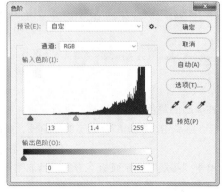

图 12-20　　　　　　　　　　图 12-21　　　　　　　　　　图 12-22

12.1.2 通道控制面板

"通道"控制面板可以管理所有的通道并对各个通道进行编辑。

选择"窗口 > 通道"命令，弹出"通道"控制面板，如图 12-23 所示。在"通道"控制面板中，放置区用于存放当前图像中存在的所有通道。选中其中的一个通道，该通道上将出现一个灰色条。如果想选中多个通道，可以按住 Shift 键再单击其他通道。通道左侧的眼睛图标 ◉ 用于显示或隐藏该通道。

"通道"控制面板的底部有 4 个工具按钮，如图 12-24 所示。

图 12-23

图 12-24

"将通道作为选区载入"按钮 ○：用于将通道作为选区调出。

"将选区存储为通道"按钮 ▢：用于将选区存入通道中。

"创建新通道"按钮 ▨：用于创建或复制新的通道。

"删除当前通道"按钮 🗑：用于删除图像中的通道。

12.1.3 创建新通道

单击"通道"控制面板右上方的 ☰ 按钮，打开菜单，选择"新建通道"命令，弹出"新建通道"对话框，如图 12-25 所示。单击"确定"按钮，"通道"控制面板中将创建一个新通道，即"Alpha 1"，此时的"通道"控制面板如图 12-26 所示。

图 12-25

图 12-26

名称：用于设置新通道的名称。

色彩指示：用于选择保护区域。

颜色：用于设置新通道的颜色。

不透明度：用于设置新通道的不透明度。

单击"通道"控制面板下方的"创建新通道"按钮 ▨，也可以创建一个新通道。

12.1.4 复制通道

单击"通道"控制面板右上方的 ☰ 按钮，打开菜单，选择"复制通道"命令，弹出"复制通道"对话框，如图 12-27 所示。

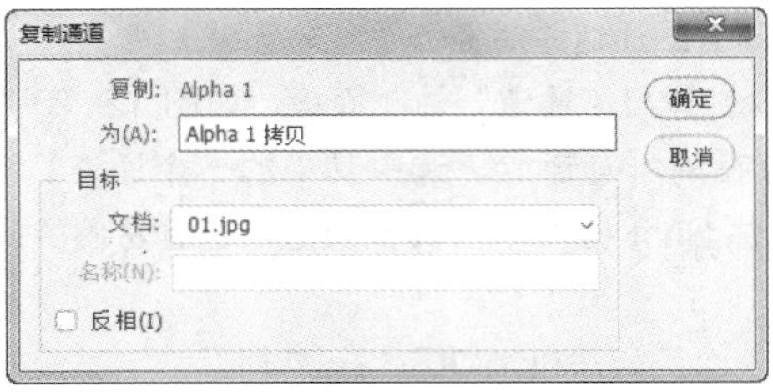

图 12-27

为：用于设置复制出的新通道的名称。

文档：用于设置复制通道的文件来源。

将需要复制的通道拖曳到控制面板下方的"创建新通道"按钮 □ 上，也可用所选的通道复制出一个新通道。

12.1.5 删除通道

单击"通道"控制面板右上方的 ▤ 按钮，打开菜单，选择"删除通道"命令，即可将通道删除。

单击"通道"控制面板下方的"删除当前通道"按钮 ▥，弹出提示对话框，如图 12-28 所示，单击"是"按钮，也可以将通道删除，还可以直接将需要删除的通道拖曳到"删除当前通道"按钮 ▥ 上进行删除。

图 12-28

12.1.6 通道选项

"通道选项"命令用于设定 Alpha 通道。单击"通道"控制面板右上方的 ▤ 按钮，在打开的菜单中选择"通道选项"命令，弹出"通道选项"对话框，如图 12-29 所示。

在"通道选项"对话框中，"名称"选项用于设定通道名称；"色彩指示"选项组用于设定通道中蒙版的显示方式，其中"被蒙版区域"选项表示蒙版区域为深色显示、非蒙版区域为透明显示，"所选区域"选项表示蒙版区域为透明显示、非蒙版区域为深色显示，"专色"选项表示蒙版区域以专色显示；"颜色"选项用于设定填充蒙版的颜色；"不透明度"选项用于设定蒙版的不透明度。

图 12-29

12.1.7 专色通道

专色通道是指除 CMYK 四色通道以外单独制作的一个通道，用来放置金色、银色或者一些需要特别设置的专色。

图 12-30

单击"通道"控制面板右上方的 ▤ 按钮，打开菜单，选择"新建专色通道"命令，弹出"新建专色通道"对话框，如图 12-30 所示。

单击"通道"控制面板中新建的专色通道。选择"画笔工具" ✐，在属性栏中单击"切换画笔设置面板"按钮 ☑，在弹出的"画笔设置"控制面板中进行设置，如图 12-31 所示，在图像窗口中进行绘制，效果如图 12-32 所示，此时的"通道"控制面板如图 12-33 所示。

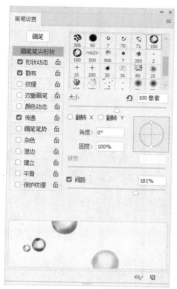

图 12-31

图 12-32

图 12-33

12.1.8　分离与合并通道

　　单击"通道"控制面板右上方的 按钮，打开菜单，选择"分离通道"命令，将图像中的每个通道分离成独立的 8bit 灰度图像。图像原始效果如图 12-34 所示，分离后的效果如图 12-35 所示。

图 12-34

图 12-35

　　单击"通道"控制面板右上方的 按钮，打开菜单，选择"合并通道"命令，弹出"合并通道"对话框，将"模式"选项设为 RGB 颜色、"通道"选项设为 3，如图 12-36 所示，单击"确定"按钮，弹出"合并 RGB 通道"对话框，可以在选定的色彩模式中为每个通道指定一幅灰度图像，被指定的图像可以是同一图像，也可以是不同的图像。在合并之前，所有要合并的图像都必须是打开的，尺寸要保持一致，且均为灰度图像，如图 12-37 所示，单击"确定"按钮，将分离的通道合并。

图 12-36

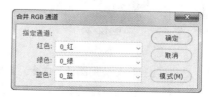

图 12-37

12.2 通道计算

通道计算命令可以按照各种方式对单个或几个通道中的图像内容进行计算，但要求是进行通道计算的图像的尺寸必须一致。

12.2.1 应用图像

"应用图像"命令用于处理通道内的图像，使图像混合，产生特殊效果。选择"图像 > 应用图像"命令，弹出"应用图像"对话框，如图 12-38 所示。

在对话框中，"源"选项用于选择源文件；"图层"选项用于选择源文件的图层；"通道"选项用于选择源通道；"反相"选项用于在处理前先反转通道内的内容；"目标"选项能显示出目标文件的文件名及色彩模式等信息；"混合"选项用于选择混色模式，即选择两个通道对应像素的计算方法；"不透明度"选项用于设定图像的不透明度；"蒙版"选项用于加入蒙版以限定选区。

图 12-38

 提 示

"应用图像"命令要求源文件的尺寸与目标文件的尺寸必须相同，因为参加计算的两个通道内的像素是一一对应的。

打开两幅图像。选择"图像 > 图像大小"命令，弹出"图像大小"对话框，将两幅图像设置为相同的尺寸，设置好后单击"确定"按钮，计算效果如图 12-39 和图 12-40 所示。

在两幅图像的"通道"控制面板中分别建立通道蒙版，其中黑色表示遮住的区域。返回两幅图像的 RGB 通道中，两幅图像的"通道"控制面板如图 12-41 和图 12-42 所示。

图 12-39

图 12-40

图 12-41

图 12-42

选择 04 图像，选择"图像 > 应用图像"命令，弹出"应用图像"对话框，如图 12-43 所示。在对话框中进行设置，单击"确定"按钮，两幅图像混合后的效果如图 12-44 所示。

图 12-43　　　　　　　　　　　　　　　　　图 12-44

恢复两幅图像的状态。在"应用图像"对话框中勾选"蒙版"选项的复选框，弹出蒙版的其他选项，如图 12-45 所示。设置好后单击"确定"按钮，两幅图像混合后的效果如图 12-46 所示。

图 12-45　　　　　　　　　　　　　　　　　图 12-46

12.2.2　计算命令

"计算"命令可以处理两个通道内的相应内容，主要用于合成单个通道的内容。

选择"图像 > 计算"命令，弹出"计算"对话框，如图 12-47 所示。

在"计算"对话框中，第 1 个选项组的"源 1"选项用于选择源文件 1，"图层"选项用于选择源文件 1 中的层，"通道"选项用于选择源文件 1 中的通道，"反相"选项用于反转图像；第 2 个选项组的"源 2"、"图层"、"通道"和"反相"选项用于选择源文件 2 的相应信息；第 3 个选项组的"混合"选项用于选择混色模式，"不透明度"选项用于设定图像混合的不透明度；"结果"选项用于指定图像处理结果的存放位置。

图 12-47

"计算"命令尽管与"应用图像"命令一样，都是对两个通道的相应内容进行处理的命令，但是二者也有区别。用"应用图像"命令处理后的结果可作为源文件或目标文件使用；而用"计算"命令处理后的结果会存成一个通道，如存成 Alpha 通道，其可转变为选区以供其他工具使用。

选择"图像 > 计算"命令，在弹出的"计算"对话框中进行设置，如图 12-48 所示，单击"确定"按钮，两幅图像通道计算后的"通道"控制面板和效果如图 12-49 所示。

图 12-48

图 12-49

12.3 通道蒙版

在通道中可以快速地创建蒙版，还可以存储蒙版。

12.3.1 课堂案例——制作教育类公众号封面首图

案例学习目标

学习使用快速蒙版抠出人物。

案例知识要点

使用快速选择工具、缩放命令和快速蒙版抠出人物，使用移动工具添加人物和腮红，最终效果如图 12-50 所示。

效果所在位置

资源包/Ch12/效果/制作教育类公众号封面首图.psd。

图 12-50

制作教育类公众号
封面首图

STEP 1 按 Ctrl+O 组合键，打开资源包中的"Ch12 > 素材 > 制作教育类公众号封面首图 > 01"文件，如图 12-51 所示。按 Ctrl+J 组合键复制图层，"图层"控制面板如图 12-52 所示。

STEP 2 选择"快速选择工具"，在图像窗口中的人物上拖曳鼠标指针绘制选区，如图 12-53 所示。选中属性栏中的"从选区减去"按钮，在两侧的手臂处调整选区，如图 12-54 所示。

图 12-51　　　　　　　　图 12-52　　　　　　　　图 12-53　　　　　　　　图 12-54

STEP 3 选择"选择 > 修改 > 收缩"命令，在弹出的"收缩选区"对话框中进行设置，如图 12-55 所示，单击"确定"按钮，效果如图 12-56 所示。按 Shift+Ctrl+I 组合键反选选区，如图 12-57 所示。

图 12-55　　　　　　　　图 12-56　　　　　　　　图 12-57

STEP 4 单击属性栏中的"以快速蒙版模式编辑"按钮 进入快速蒙版模式，图像效果如图 12-58 所示。将前景色设为黑色。选择"画笔工具" ，在属性栏中单击画笔选项右侧的按钮 ，在弹出的"画笔预设"选取器中选择需要的画笔形状，如图 12-59 所示。在图像窗口中拖曳鼠标指针修饰选中的图像，效果如图 12-60 所示。

图 12-58　　　　　　　　图 12-59　　　　　　　　图 12-60

STEP 5 单击属性栏中的"以标准模式编辑"按钮 进入标准模式，图像效果如图 12-61 所示。按 Shift+Ctrl+I 组合键反选选区，如图 12-62 所示。按 Ctrl+J 组合键复制选区内图像，"图层"控制面板如图 12-63 所示。

图 12-61　　　　　　图 12-62　　　　　　　　　图 12-63

STEP 6 按 Ctrl + O 组合键，打开资源包中的"Ch12 > 素材 > 制作教育类公众号封面首图 > 02"文件，如图 12-64 所示。选择"移动工具" ，将从 01 图像中抠出的人物图像拖曳到 02 图像窗口中适当的位置并调整大小，效果如图 12-65 所示，在"图层"控制面板中生成了新图层，将其命名为"人物"。

图 12-64　　　　　　　　　　　　　　　图 12-65

STEP 7 按 Ctrl + O 组合键，打开资源包中的"Ch12 > 素材 > 制作教育类公众号封面首图 > 03"文件。选择"移动工具" ，将 03 图像拖曳到 02 图像窗口中适当的位置，效果如图 12-66 所示，在"图层"控制面板中生成了新图层，将其命名为"腮红"。按住 Alt 键拖曳图像到适当的位置，复制图像，效果如图 12-67 所示。

STEP 8 按 Ctrl+T 组合键，图像周围出现变换框，在变换框上右击，在打开的菜单中选择"水平翻转"命令，水平翻转图像，按 Enter 键确定操作，效果如图 12-68 所示。教育类公众号封面首图制作完成，效果如图 12-69 所示。

图 12-66　　　　　　图 12-67　　　　　　图 12-68

图 12-69

12.3.2 制作快速蒙版

打开一幅图像，如图 12-70 所示。选择"快速选择工具" ，在图像窗口中绘制选区。单击工具箱下方的"以快速蒙版模式编辑"按钮 ⬚，进入蒙版状态，选区暂时消失，图像的未选择区域变为红色，如图 12-71 所示。"通道"控制面板中自动生成了快速蒙版，如图 12-72 所示。蒙版图像如图 12-73 所示。

图 12-70

图 12-71

图 12-72

图 12-73

> **提示**
>
> 默认蒙版颜色为半透明的红色。

选择"画笔工具" ✎，在属性栏中进行设置，如图 12-74 所示。将快速蒙版中需要的区域绘制为白色，图像效果如图 12-75 所示，"通道"控制面板如图 12-76 所示。

图 12-74

图 12-75

图 12-76

12.3.3 在 Alpha 通道中存储蒙版

在图像中绘制选区，如图 12-77 所示。选择"选择 > 存储选区"命令，在弹出的"存储选区"对话框中进行设置，如图 12-78 所示，单击"确定"按钮，建立通道蒙版"盘子"。单击"通道"控制面板中的"将选区存储为通道"按钮 ▫，也可以建立通道蒙版"盘子"。"通道"控制面板如图 12-79 所示，图像效果如图 12-80 所示，将图像保存。

图 12-77

图 12-78

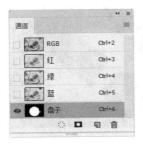

图 12-79

图 12-80

再次打开图像，选择"选择 > 载入选区"命令，在弹出的"载入选区"对话框中进行设置，如图 12-81 所示，单击"确定"按钮，将"盘子"通道的选区载入。单击"通道"控制面板中的"将通道作为选区载入"按钮 ○，也可以将"盘子"通道作为选区载入，效果如图 12-82 所示。

图 12-81

图 12-82

12.4 图层蒙版

图层蒙版可以将图层中图像的某些部分处理成透明和半透明的效果，而且可以恢复已经处理过的图像，是 Photoshop 中一种独特的图像处理功能。

12.4.1　课堂案例——制作饰品类公众号封面首图

案例学习目标

学习使用混合模式和图层蒙版制作饰品类公众号封面首图。

案例知识要点

使用垂直翻转命令和图层蒙版制作倒影，使用文字工具添加文字，最终效果如图 12-83 所示。

效果所在位置

资源包/Ch12/效果/制作饰品类公众号封面首图.psd。

图 12-83

制作饰品类公众号
封面首图

STEP 1 按 Ctrl + O 组合键，打开资源包中的 "Ch12 > 素材 > 制作饰品类公众号封面首图 > 01" 文件，如图 12-84 所示。

STEP 2 新建图层并将其命名为 "黑色矩形"。将前景色设为黑色。按 Alt+Delete 组合键，用前景色填充图层。单击 "图层" 控制面板下方的 "添加图层蒙版" 按钮 ▢，为图层添加蒙版，"图层" 控制面板如图 12-85 所示。

图 12-84

图 12-85

STEP 3 选择 "渐变工具" ▦，单击属性栏中的编辑渐变按钮 ▭，弹出 "渐变编辑器" 对话框，将渐变色设为从黑色到白色，如图 12-86 所示，单击 "确定" 按钮。在图像窗口中从下向上拖曳鼠标指针，释放鼠标左键，效果如图 12-87 所示。

STEP 4 按 Ctrl + O 组合键，打开资源包中的 "Ch12 > 素材 > 制作饰品类公众号封面首图 > 02" 文件。选择 "移动工具" ⊕，将 02 图像拖曳到 01 图像窗口中适当的位置并调整大小，效果如图 12-88 所示，在 "图层" 控制面板中生成了新图层，将其命名为 "银表"。

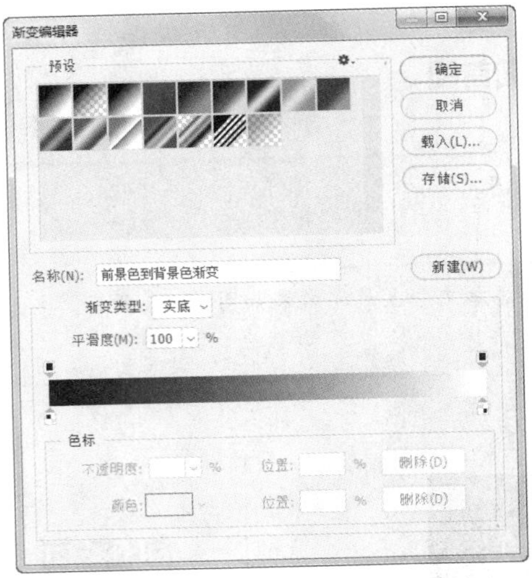

图 12-86

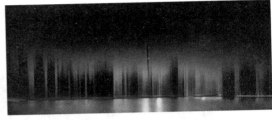

图 12-87

STEP 5 按 Ctrl+J 组合键复制图层，生成图层"银表 拷贝"，将图层"银表 拷贝"拖曳到"银表"图层的下方，"图层"控制面板如图 12-89 所示。在"图层"控制面板上方将"不透明度"选项设为 30%，如图 12-90 所示，按 Enter 键确定操作。

图 12-88

图 12-89

图 12-90

STEP 6 按 Ctrl+T 组合键，图像周围出现变换框，在变换框上右击，在弹出的菜单中选择"垂直翻转"命令，垂直翻转图像，并将其拖曳到适当的位置，按 Enter 键确定操作，效果如图 12-91 所示。单击"图层"控制面板下方的"添加图层蒙版"按钮 ▢，为图层添加蒙版。选择"渐变工具" ▣，在图像窗口中由下至上拖曳鼠标指针，释放鼠标后效果如图 12-92 所示。

图 12-91

图 12-92

STEP 7 用步骤 4~6 所述方法，添加 03 图像并制作出倒影效果，如图 12-93 所示。按 Ctrl+O

组合键，打开资源包中的"Ch12 > 素材 > 制作饰品类公众号封面首图 > 04"文件。选择"移动工具" ⊕，
将图片拖曳到 01 图像窗口中适当的位置，效果如图 12-94 所示，在"图层"控制面板中生成了新图层，
将其命名为"文字"。饰品类公众号封面首图制作完成。

图 12-93

图 12-94

12.4.2 添加图层蒙版

单击"图层"控制面板下方的"添加图层蒙版"按钮 ▢，可以创建图层蒙版，如图 12-95 所示。按
住 Alt 键单击"图层"控制面板下方的"添加图层蒙版"按钮 ▢，可以创建一个遮盖全部图层的蒙版，如
图 12-96 所示。

图 12-95

图 12-96

12.4.3 隐藏图层蒙版

按住 Alt 键单击图层蒙版缩览图，图像窗口中的图像将被隐藏，只显示蒙版的效果，如图 12-97 所示，
"图层"控制面板如图 12-98 所示。按住 Alt 键再次单击图层蒙版缩览图，将显示图像窗口中的图像。按住
Alt+Shift 组合键单击图层蒙版缩览图，将同时显示图像和图层蒙版的内容。

图 12-97

图 12-98

选择"图层 > 图层蒙版 > 显示全部"命令，效果如图 12-95 所示。选择"图层 > 图层蒙版 > 隐
藏全部"命令，效果如图 12-96 所示。

12.4.4　图层蒙版的链接

在"图层"控制面板中，图层缩览图与图层蒙版缩览图之间存在链接图标 ⚭，当图层与蒙版建立了链接时，移动图像，蒙版也会同步移动。单击链接图标 ⚭，将取消二者之间的链接，就可以对图像与蒙版分别进行操作。

12.4.5　应用及删除图层蒙版

在"通道"控制面板中双击蒙版通道，弹出"图层蒙版显示选项"对话框，如图 12-99 所示，可以对蒙版的颜色和不透明度进行设置。

选择"图层 > 图层蒙版 > 停用"命令，或按住 Shift 键单击"图层"控制面板中的图层蒙版缩览图，图层蒙版将被停用，如图 12-100 所示，图像将全部显示，如图 12-101 所示。按住 Shift 键再次单击图层蒙版缩览图，将启用图层蒙版，效果如图 12-102 所示。

图 12-99

图 12-100

图 12-101

图 12-102

选择"图层 > 图层蒙版 > 删除"命令，或在图层蒙版缩览图上右击，在打开的菜单中选择"删除图层蒙版"命令，可以将图层蒙版删除。

12.5　剪贴蒙版与矢量蒙版

剪贴蒙版可以使用某个图层的内容来遮盖其上方的图层，遮盖的效果由基底图层决定。

12.5.1　课堂案例——合成服装类 App 主页 Banner 图

⊕ 案例学习目标

学习使用图层蒙版和剪贴蒙版合成服装类 App 主页 Banner 图。

⊕ 案例知识要点

使用图层蒙版和创建剪贴蒙版快捷命令制作照片，使用移动工具添加宣传文字，最终效果如图 12-103 所示。

⊕ 效果所在位置

资源包//Ch12/效果/合成服装类 App 主页 Banner 图.psd。

合成服装类 App 主页
Banner 图

图 12-103

STEP 1 按 Ctrl+N 组合键，弹出"新建文档"对话框，设置宽度为 750 像素、高度为 200 像素、分辨率为 72 像素/英寸、颜色模式为 RGB、背景内容为卡其色（207、197、188），单击"创建"按钮，新建文档。

STEP 2 按 Ctrl+O 组合键，打开资源包中的"Ch12 > 素材 > 合成服装类 App 主页 Banner 图 > 01"文件。选择"移动工具" ⊕，将 01 图像拖曳到新建的图像窗口中适当的位置，效果如图 12-104 所示，在"图层"控制面板中生成了新图层，将其命名为"人物"。

图 12-104

STEP 3 单击"图层"控制面板下方的"添加图层蒙版"按钮 ▢，为图层添加蒙版。将前景色设为黑色。选择"画笔工具" ✎，在属性栏中单击画笔预设选项右侧的按钮 ∨，弹出"画笔预设"选取器，选择需要的画笔形状，将"大小"选项设为 100 像素，如图 12-105 所示。在图像窗口中拖曳鼠标指针擦除不需要的图像，效果如图 12-106 所示。

图 12-105　　　　　　　　　　图 12-106

STEP 4 选择"椭圆工具" ◯，将属性栏中的"选择工具模式"选项设为"形状"、"填充"颜色设为白色、"描边"颜色设为无。按住 Shift 键在图像窗口中适当的位置绘制圆形，如图 12-107 所示，在"图层"控制面板中生成新的形状图层"椭圆 1"。

STEP 5 选择"文件 > 置入嵌入对象"命令，弹出"置入嵌入的对象"对话框。

图 12-107

选择资源包中的"Ch12 > 素材 > 合成服装类 App 主页 Banner 图 > 02"文件，单击"置入"按钮，将图片置入图像窗口中。将其拖曳到适当的位置并调整大小，按 Enter 键确定操作，在"图层"

控制面板中生成了新图层，将其命名为"图 1"。按 Alt+Ctrl+G 组合键为图层创建剪贴蒙版，效果如图 12-108 所示。

STEP 6 按住 Shift 键单击"椭圆 1"图层，选取需要的图层。按 Ctrl+G 组合键群组图层并将其命名为"模特 1"，"图层"控制面板如图 12-109 所示。

图 12-108

图 12-109

STEP 7 用步骤 4~6 所述方法分别制作"模特 2"和"模特 3"图层组，图像效果如图 12-110 所示，"图层"控制面板如图 12-111 所示。

图 12-110

图 12-111

STEP 8 按 Ctrl+O 组合键，打开资源包中的"Ch12 > 素材 > 合成服装类 App 主页 Banner 图 > 05"文件。选择"移动工具" ，将 05 图片拖曳到图像窗口中适当的位置，效果如图 12-112 所示，在"图层"控制面板中生成了新图层，将其命名为"文字"。服装类 App 主页 Banner 图合成完成。

图 12-112

12.5.2 剪贴蒙版

打开一幅图像，如图 12-113 所示，"图层"控制面板如图 12-114 所示。按住 Alt 键，将鼠标指针放到"照片"图层和"图形"图层的中间位置，鼠标指针变为 图标，如图 12-115 所示。

单击创建剪贴蒙版，如图 12-116 所示，图像效果如图 12-117 所示。选择"移动工具" ，移动被蒙版的图像，效果如图 12-118 所示。

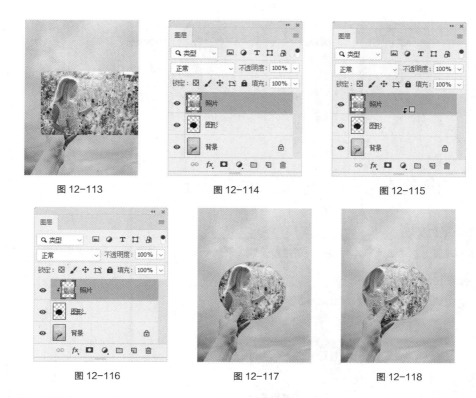

图 12-113　　　　　　　图 12-114　　　　　　　图 12-115

图 12-116　　　　　　　图 12-117　　　　　　　图 12-118

选中剪贴蒙版组中上方的图层，选择"图层 > 释放剪贴蒙版"命令，或按 Alt+Ctrl+G 组合键，即可删除剪贴蒙版。

12.5.3　矢量蒙版

选择"自定形状工具" 📷，将属性栏中的"选择工具模式"选项设为"路径"，将"形状"选项设为"红心形卡"图形，如图 12-119 所示。

图 12-119

在图像窗口中绘制路径，如图 12-120 所示。选择"图层 > 矢量蒙版 > 当前路径"命令，为图片添加矢量蒙版，"图层"控制面板如图 12-121 所示，图像窗口效果如图 12-122 所示。选择"直接选择工具" 📐，可以修改路径的形状，从而修改蒙版的遮罩区域，如图 12-123 所示。

图 12-120　　　　　　　　　　图 12-121

图 12-122   图 12-123

12.6 课堂练习——制作房地产图标

练习知识要点

使用载入选区、从选区生成工作路径和创建矢量蒙版等命令制作房地产图标，最终效果如图 12-124 所示。

效果所在位置

资源包/Ch12/效果/制作房地产图标.psd。

制作房地产图标

图 12-124

12.7 课后习题——抠出狗宝宝 App 主页 banner 图

习题知识要点

使用通道控制面板、色阶命令和画笔工具抠出小狗图片，使用图层样式为图片添加投影效果，使用横排文字工具添加文字，最终效果如图 12-125 所示。

效果所在位置

资源包/Ch12/效果/抠出狗宝宝 App 主页 banner 图.psd。

抠出狗宝宝 App 主页
banner 图

图 12-125

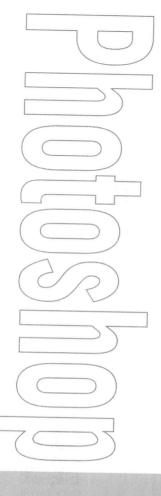

Chapter

13

第 13 章
动作与滤镜

本章主要介绍 Photoshop CC 的动作和滤镜功能，包括动作控制面板及应用、滤镜菜单及应用以及滤镜的使用技巧等内容。通过本章的学习，读者将能够应用动作和丰富的滤镜命令制作出多变的图像效果。

课堂学习目标

● 熟悉动作控制面板及应用方法

● 掌握滤镜菜单及应用方法

● 掌握滤镜的使用技巧

13.1 动作控制面板及动作应用

在 Photoshop CC 中，用户可以直接使用"动作"控制面板中的动作命令进行创作，下面介绍具体的操作方法。

13.1.1 课堂案例——制作卡通抽象照

⊕ **案例学习目标**

学习使用动作控制面板制作卡通抽象照。

⊕ **案例知识要点**

使用载入动作命令制作卡通抽象照，使用文字工具和图层样式添加文字，最终效果如图 13-1 所示。

⊕ **效果所在位置**

资源包/Ch13/效果/制作卡通抽象照.psd。

图 13-1

制作卡通抽象照

STEP 1 按 Ctrl+N 组合键，弹出"新建文档"对话框，设置宽度为 1 175 像素、高度为 500 像素、分辨率为 72 像素/英寸、颜色模式为 RGB、背景内容为白色，单击"创建"按钮，新建文档。

STEP 2 按 Ctrl+O 组合键，打开资源包中的"Ch13 > 素材 > 制作卡通抽象照 > 01"文件。选择"移动工具" ⊕，将 01 图像拖曳到新建的图像窗口中适当的位置，效果如图 13-2 所示，在"图层"控制面板中生成了新的图层，将其命名为"人物"。按 Ctrl+J 组合键复制图层，在"图层"控制面板中创建新的图层"人物 拷贝"，"图层"控制面板如图 13-3 所示。

图 13-2

图 13-3

STEP 3 按住 Shift 键向左拖曳图片到适当的位置，效果如图 13-4 所示。选中"人物"图层，按

Alt+F9 组合键，弹出"动作"控制面板，如图 13-5 所示。

图 13-4

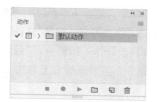

图 13-5

STEP　4 单击"动作"控制面板右上方的 ≡ 按钮，在打开的菜单中选择"载入动作"命令，在弹出的"载入"对话框中选择资源包中的"Ch13 > 素材 > 制作卡通抽象照 > 02"文件，单击"载入"按钮，载入动作命令，如图 13-6 所示。单击动作选项左侧的三角按钮 >，选择新动作的第一步，单击下方的"播放选定的动作"按钮 ▶，效果如图 13-7 所示。

图 13-6

STEP　5 选中"人物 拷贝"图层。选择"横排文字工具" T，输入文字并选取，在属性栏中选择合适的字体并设置大小，设置文字颜色为白色，效果如图 13-8 所示，在"图层"控制面板中生成了新的文字图层。

图 13-7

图 13-8

STEP　6 单击"图层"控制面板下方的"添加图层样式"按钮 fx，在弹出的菜单中选择"投影"命令。在弹出的"图层样式"对话框中进行设置，如图 13-9 所示，单击"确定"按钮，效果如图 13-10 所示。卡通抽象照制作完成。

图 13-9

图 13-10

13.1.2 动作控制面板

"动作"控制面板可以对一批需要进行相同处理的图像执行批量操作，以减少重复操作的麻烦。选择"窗口 > 动作"命令，或按 Alt+F9 组合键，弹出图 13-11 所示的"动作"控制面板。面板下方有一排动作操作按钮，包括"停止播放／记录"按钮 ■、"开始记录"按钮 ●、"播放选定的动作"按钮 ▶、"创建新组"按钮 ▢、"创建新动作"按钮 ▣、"删除"按钮 ▥。

单击"动作"控制面板右上方的 ≡ 按钮，打开菜单，如图 13-12 所示。

图 13-11　　　　　　　　　　图 13-12

13.1.3 动作创建及应用

打开一幅图像，如图 13-13 所示。在"动作"控制面板的菜单中选择"新建动作"命令，在弹出的"新建动作"对话框中进行设置，如图 13-14 所示。单击"记录"按钮，在"动作"控制面板中出现"动作 1"，如图 13-15 所示。

图 13-13　　　　　　　　　　图 13-14　　　　　　　　　　图 13-15

在"图层"控制面板中新建"图层 1",如图 13-16 所示。此时"动作"控制面板中就记录下了新建"图层 1"的动作,如图 13-17 所示。在"图层 1"中填充渐变,效果如图 13-18 所示。"动作"控制面板中也记录下了填充渐变的动作,如图 13-19 所示。

图 13-16

图 13-17

图 13-18

图 13-19

在"图层"控制面板中将混合模式选项设为"颜色加深",如图 13-20 所示。"动作"控制面板中就记录下了选择模式的动作,如图 13-21 所示。

完成对图像的编辑,效果如图 13-22 所示,在"动作"控制面板菜单中选择"停止记录"命令,完成"动作 1"的记录,如图 13-23 所示。"动作 1"可以应用到其他的图像上,从而得到相同的效果。

图 13-20

图 13-21

图 13-22

图 13-23

打开一幅图像,如图 13-24 所示。在"动作"控制面板中选择"动作 1",如图 13-25 所示。单击"播放选定的动作"按钮 ▶ ,图像的编辑过程与之前相同,最终效果如图 13-26 所示。

图 13-24

图 13-25

图 13-26

13.2 滤镜菜单及应用

Photoshop CC 的滤镜菜单中包含多种滤镜,选择这些滤镜命令,可以制作出不同的图像效果。打开"滤镜"菜单，如图 13-27 所示。

Photoshop CC 的滤镜菜单分为 4 部分，各部分用横线划分开。

第 1 部分为最近一次使用的滤镜，没有使用滤镜时，此命令为灰色，不可选择。使用任意一种滤镜后，当需要重复使用这种滤镜时，选择此命令或按 Alt+Ctrl+F 组合键即可。

第 2 部分为转换为智能滤镜，可随时进行转换为智能滤镜操作。

第 3 部分为 5 种 Photoshop CC 滤镜和滤镜库，每个滤镜的功能都十分强大，滤镜库中包含所有的滤镜。

第 4 部分为 11 个 Photoshop CC 滤镜组，每个滤镜组中都包含多个子滤镜。

图 13-27

13.2.1 课堂案例——制作汽车销售类公众号封面首图

案例学习目标

学习使用滤镜库制作汽车销售类公众号封面首图。

案例知识要点

使用滤镜库中的艺术效果和纹理滤镜制作图片特效，使用移动工具添加宣传文字，最终效果如图 13-28 所示。

效果所在位置

资源包/Ch13/效果/制作汽车销售类公众号封面首图.psd。

图 13-28

制作汽车销售类公众号
封面首图

STEP 1 按 Ctrl+N 组合键，弹出"新建文档"对话框，设置宽度为 1 175 像素、高度为 500 像素、分辨率为 72 像素/英寸、颜色模式为 RGB、背景内容为白色，单击"创建"按钮，新建文档。

STEP 2 按 Ctrl+O 组合键，打开资源包中的"Ch13 > 素材 > 制作汽车销售类公众号封面首图 > 01"文件，选择"移动工具" ⊕，将 01 图像拖曳到新建的图像窗口中，并调整其位置和大小，效果如图 13-29 所示，在"图层"控制面板中生成了新图层，将其命名为"图片"。

图 13-29

STEP 3 选择"滤镜 > 滤镜库"命令，在弹出的"滤镜库"对话框中选择"艺术效果 > 海报边缘"滤镜并进行设置，如图 13-30 所示，单击对话框右下方的"新建效果图层"按钮 ，创建新的效果图层，如图 13-31 所示。

图 13-30

图 13-31

STEP 4 在对话框中选择"纹理 > 纹理化"滤镜，切换到对应的参数设置栏，选项的设置如图 13-32 所示，单击"确定"按钮，效果如图 13-33 所示。

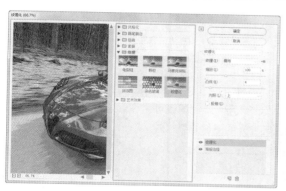

图 13-32

图 13-33

STEP 5 按 Ctrl+O 组合键，打开资源包中的"Ch13 > 素材 > 制作汽车销售类公众号封面首图 > 02"文件，选择"移动工具" ，将 02 图像拖曳到图像窗口中适当的位置，效果如图 13-34 所示，在"图层"控制面板中生成了新图层，将其命名为"文字"。汽车销售类公众号封面首图制作完成。

图 13-34

13.2.2 滤镜库

Photoshop 的滤镜库将常用滤镜组组合在一个对话框中，以折叠菜单的方式显示，并为每一个滤镜提供了直观的预览效果，使用起来十分方便。

选择"滤镜 > 滤镜库"命令，弹出"滤镜库"对话框，对话框左侧为滤镜预览框，可显示应用滤镜后的图像效果；对话框中部为滤镜列表，其中的每个滤镜组中包含多个滤镜，打开需要的滤镜组，可以浏览滤镜组中的各个滤镜和其相应的滤镜效果；对话框右侧为滤镜参数设置栏，可设置所用滤镜的各个参数，如图 13-35 所示。

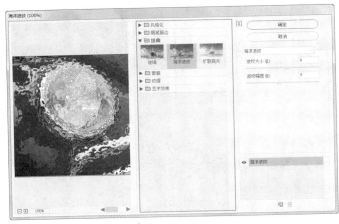

图 13-35

1. 风格化滤镜组

"风格化"滤镜组只包含"照亮边缘"滤镜，如图 13-36 所示。此滤镜可以搜索主要颜色的变化区域并强化其过渡像素，产生轮廓发光的图像效果，应用滤镜前后的效果如图 13-37、图 13-38 所示。

图 13-36

2. 画笔描边滤镜组

"画笔描边"滤镜组包含 8 个滤镜，如图 13-39 所示。此滤镜组中的滤镜对 CMYK 颜色模式和 Lab 颜色模式的图像都不起作用，应用其中不同的滤镜制作出的效果如图 13-40 所示。

图 13-37

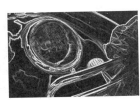

图 13-38

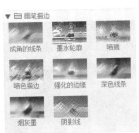

图 13-39

原图

成角的线条

墨水轮廓

图 13-40

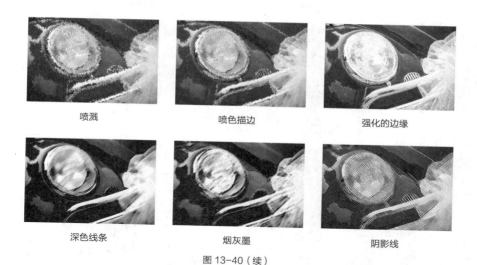

喷溅	喷色描边	强化的边缘
深色线条	烟灰墨	阴影线

图 13-40（续）

3．扭曲滤镜组

"扭曲"滤镜组包含 3 个滤镜，如图 13-41 所示。此滤镜组中的滤镜可以生成图像的扭曲变形效果，应用其中不同的滤镜制作出的效果如图 13-42 所示。

图 13-41

原图	玻璃	海洋波纹	扩散亮光

图 13-42

4．素描滤镜组

"素描"滤镜组包含 14 个滤镜，如图 13-43 所示。此滤镜组中的滤镜只对 RGB 颜色模式或灰度模式的图像起作用，可以制作出多种绘画效果，应用其中不同的滤镜制作出的效果如图 13-44 所示。

图 13-43

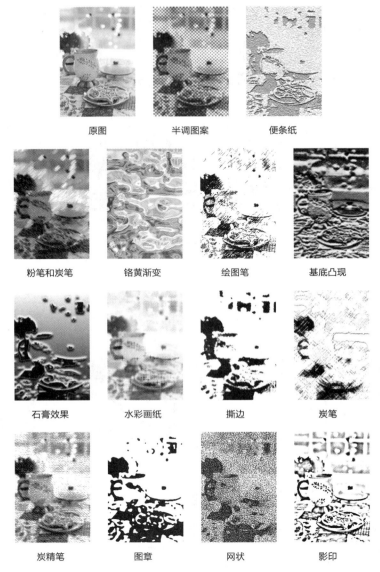

图 13-44

5. 纹理滤镜组

"纹理"滤镜组包含 6 个滤镜，如图 13-45 所示。此滤镜组中的滤镜可以使图像中的各颜色之间产生过渡变形的效果，应用其中不同滤镜制作出的效果如图 13-46 所示。

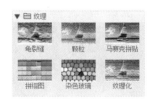

图 13-45

原图　　　　　　　龟裂缝　　　　　　　颗粒

马赛克拼贴　　　　拼缀图　　　　染色玻璃　　　　纹理化

图 13-46

6. 艺术效果滤镜组

"艺术效果"滤镜组包含 15 个滤镜，如图 13-47 所示。此滤镜组中的滤镜只有在 RGB 颜色模式和多通道颜色模式下才可用，应用其中不同滤镜制作出的效果如图 13-48 所示。

图 13-47

原图　　　　　　　壁画　　　　　　彩色铅笔　　　　　粗糙蜡笔

图 13-48

底纹效果	干画笔	海报边缘	海绵
绘画涂抹	胶片颗粒	木刻	霓虹灯光
水彩	塑料包装	调色刀	涂抹棒

图 13-48（续）

7. 滤镜叠加

在"滤镜库"对话框中可以创建多个效果图层，每个图层可以应用不同的滤镜，从而使图像产生多个滤镜叠加的效果。

打开一幅图像，如图 13-49 所示。为图像添加"强化的边缘"滤镜，如图 13-50 所示，单击"新建效果图层"按钮 ，创建新的效果图层，如图 13-51 所示。为图像添加"海报边缘"滤镜，叠加后的效果如图 13-52 所示。

图 13-49

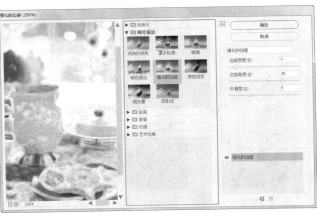

图 13-50

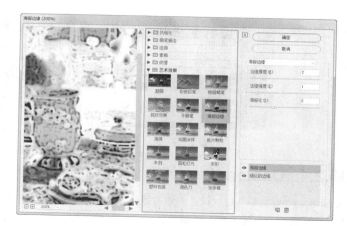

图 13-51　　　　　　　　　　　　　　　　　　　　　图 13-52

13.2.3　自适应广角

"自适应广角"滤镜可以对具有广角、超广角及鱼眼效果的图片进行校正。

打开一幅图像，如图 13-53 所示。选择"滤镜 > 自适应广角"命令，弹出"自适应广角"对话框，如图 13-54 所示。

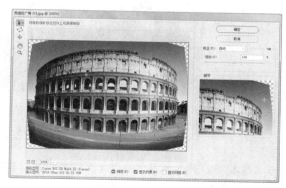

图 13-53　　　　　　　　　　　　　　　　　　　　　图 13-54

在对话框左侧的图像上需要调整的位置拖曳一条直线，如图 13-55 所示。再将左侧第 2 个节点拖曳到适当的位置，调整绘制的直线，如图 13-56 所示。单击"确定"按钮，照片调整后的效果如图 13-57 所示。用相同的方法调整图像上方，效果如图 13-58 所示。

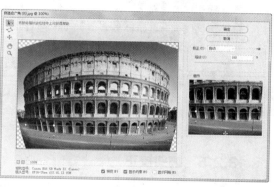

图 13-55　　　　　　　　　　　　　　　　　　　　　图 13-56

图 13-57   图 13-58

13.2.4　Camera Raw 滤镜

"Camera Raw 滤镜"可以调整图像的颜色，包括白平衡、色温和色调等，还可以对图像进行锐化处理、减少杂色、纠正镜头问题及重新修饰等。

打开一幅图像。选择"滤镜 > Camera Raw 滤镜"命令，弹出图 13-59 所示的"Camera Raw"对话框。

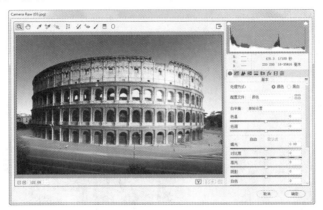

图 13-59

切换至"基本"选项卡，如图 13-60 所示进行设置，单击"确定"按钮，效果如图 13-61 所示。

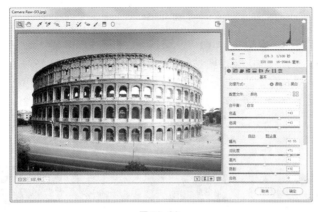

图 13-60   图 13-61

13.2.5　镜头校正

"镜头校正"滤镜可以修复常见的镜头瑕疵，如桶形失真、枕形失真、晕影和色差等，也可以旋转图像，或修复相机在垂直或水平方向上倾斜而导致的图像透视错误。

打开一幅图像，如图 13-62 所示。选择"滤镜 > 镜头校正"命令，弹出图 13-63 所示的"镜头校正"对话框。

图 13-62

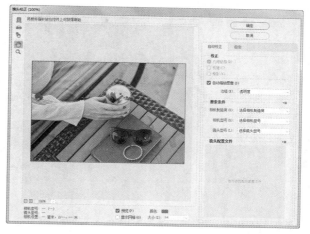

图 13-63

切换至"自定"选项卡，如图 13-64 所示进行设置，单击"确定"按钮，效果如图 13-65 所示。

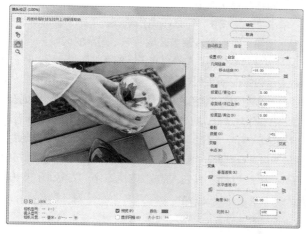

图 13-64

图 13-65

13.2.6 液化滤镜

"液化"滤镜可以制作出各种类似液化的图像变形效果。

打开一幅图像。选择"滤镜 > 液化"命令，或按 Shift+Ctrl+X 组合键，弹出"液化"对话框，如图 13-66 所示。

左侧的工具箱由上到下分别为"向前变形工具" 、"重建工具" 、"平滑工具" ，"顺时针旋转扭曲工具" 、"褶皱工具" 、"膨胀工具" 、"左推工具" 、"冻结蒙版工具" 、"解冻蒙版工具" 、"脸部工具" 、"抓手工具" 和"缩放工具" 。

画笔工具选项组："大小"选项用于设定所选画笔的笔触大小；"浓度"选项用于设定画笔的浓密度；"压力"选项用于设定画笔的压力，压力越小变形的过程越慢；"速率"选项用于设定画笔的绘制速度；"光笔压力"选项用于设定压感笔的压力；"固定边缘"选项用于选中可锁定的图像边缘。

图 13-66

人脸识别液化组："眼睛"选项组用于设定眼睛的大小、高度、宽度、斜度和距离；"鼻子"选项组用于设定鼻子的高度和宽度；"嘴唇"选项组用于设定微笑、上嘴唇、下嘴唇、嘴唇的宽度和高度；"脸部形状"选项组用于设定前额、下巴高度、下颌和脸部宽度。

载入网格选项组：用于载入网格、载入上次网格和存储网格。

蒙版选项组：用于选择通道蒙版的形式。单击"无"按钮，可以不制作蒙版；单击"全部蒙住"按钮，可以为全部的区域制作蒙版；单击"全部反相"按钮，可以解冻蒙版区域并冻结剩余的区域。

视图选项组：勾选"显示参考线"复选框，可以显示参考线；勾选"显示面部叠加"复选框，可以显示面部的叠加部分；勾选"显示图像"复选框，可以显示图像；勾选"显示网格"复选框，可以显示网格，"网格大小"选项用于设置网格的大小，"网格颜色"选项用于设置网格的颜色；勾选"显示蒙版"复选框，可以显示蒙版，"蒙版颜色"选项用于设置蒙版的颜色；勾选"显示背景"复选框，在"使用"下拉列表中可以选择显示背景图层，在"模式"选项的下拉列表中可以选择不同的背景显示模式，"不透明度"选项可以设置背景的不透明度。

画笔重建选项组："重建"按钮用于对变形的图像进行重置，"恢复全部"按钮用于将图像恢复到初始状态。

在对话框中对图像进行液化，如图 13-67 所示，单击"确定"按钮，完成图像的液化，效果如图 13-68 所示。

图 13-67

图 13-68

13.2.7 消失点滤镜

"消失点"滤镜可以制作建筑物或任何矩形对象的透视效果。

打开一幅图像,绘制选区,如图 13-69 所示。按 Ctrl + C 组合键复制选区中的图像。按 Ctrl+D 组合键取消选择选区。选择"滤镜 > 消失点"命令,弹出"消失点"对话框,在对话框左侧选择"创建平面"工具 ,在图像窗口中单击定义 4 个角的节点,如图 13-70 所示,节点会自动连接成为透视平面,如图 13-71 所示。

图 13-69

图 13-70

图 13-71

按 Ctrl + V 组合键,将刚才复制的图像粘贴到对话框中,如图 13-72 所示。将粘贴的图像拖曳到透视平面中,如图 13-73 所示。按住 Alt 键向上拖曳建筑物并复制,如图 13-74 所示。用相同的方法再复制两次,如图 13-75 所示。单击"确定"按钮,建筑物的透视变形效果如图 13-76 所示。

图 13-72

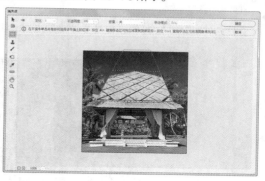

图 13-73

图 13-74

图 13-75

在"消失点"对话框中，透视平面显示为蓝色时为有效的平面；显示为红色时为无效的平面，无法计算平面的长宽比，也无法拉出垂直平面；显示为黄色时也为无效的平面，无法解析平面的所有消失点，如图 13-77 所示。

蓝色透视平面　　　　　　　　红色透视平面　　　　　　　　黄色透视平面

图 13-76　　　　　　　　　　　　　　　　　　　　　　图 13-77

13.2.8　课堂案例——制作彩妆网店详情页主图

案例学习目标

学习使用扭曲、风格化和模糊滤镜命令制作彩妆网店详情页主图。

案例知识要点

使用填充命令和图层样式制作背景，使用椭圆选框工具、描边命令、扭曲滤镜和描边路径命令制作粒子光，最终效果如图 13-78 所示。

效果所在位置

资源包/Ch13/效果/制作彩妆网店详情页主图.psd。

图 13-78

制作彩妆网店详情页主图

STEP 1 按 Ctrl + N 组合键，弹出"新建文档"对话框，设置宽度为 800 像素、高度为 800 像素、分辨率为 72 像素/英寸、颜色模式为 RGB、背景内容为白色，单击"创建"按钮，新建文档。

STEP 2 新建图层并将其命名为"背景色"。将前景色设为红色（211、0、0）。按 Alt+Delete 组合键，用前景色填充图层，效果如图 13-79 所示。

STEP 3 单击"图层"控制面板下方的"添加图层样式"按钮 fx，在打开的菜单中选择"内阴影"命令，弹出"图层样式"对话框，将阴影颜色设为黑色，其他选项的设置如图 13-80 所示，单击"确定"按钮，效果如

图 13-79

图 13-81 所示。

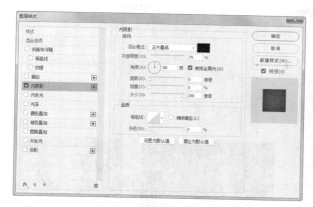

图 13-80

图 13-81

STEP 4 新建图层并将其命名为"外光圈"。选择"椭圆选框工具" ⬚ ，按住 Shift 键在图像窗口中拖曳鼠标指针绘制圆形选区，如图 13-82 所示。选择"编辑 > 描边"命令，弹出"描边"对话框，将"颜色"选项设为白色，其他选项的设置如图 13-83 所示，单击"确定"按钮。按 Ctrl+D 组合键取消选择选区，效果如图 13-84 所示。

图 13-82

图 13-83

图 13-84

STEP 5 选择"滤镜 > 扭曲 > 极坐标"命令，在弹出的"极坐标"对话框中进行设置，如图 13-85 所示，单击"确定"按钮，效果如图 13-86 所示。选择"图像 > 图像旋转 > 逆时针 90 度"命令，旋转图像，效果如图 13-87 所示。

图 13-85

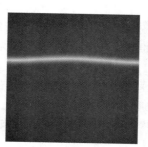

图 13-86

图 13-87

STEP 6 选择"滤镜 > 风格化 > 风"命令，在弹出的"风"对话框中进行设置，如图 13-88 所示，单击"确定"按钮，效果如图 13-89 所示。按 Ctrl+F 组合键，重复使用"风"滤镜，效果如图 13-90 所示。

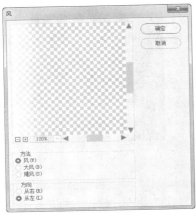

图 13-88

图 13-89

图 13-90

STEP 7 选择"图像 > 图像旋转 > 顺时针 90 度"命令，效果如图 13-91 所示。选择"滤镜 > 扭曲 > 极坐标"命令，在弹出的"极坐标"对话框中进行设置，如图 13-92 所示，单击"确定"按钮，效果如图 13-93 所示。

图 13-91

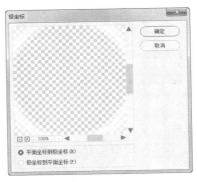

图 13-92

图 13-93

STEP 8 按住 Ctrl 键，单击"图层"控制面板下方的"创建新图层"按钮 ，在"外光圈"图层下方新建图层，并将其命名为"内光圈"。选择"椭圆选框工具" ，将属性栏中的"羽化"选项设为 6 像素，按住 Shift 键在适当的位置绘制一个圆形。将前景色设为白色。按 Alt+Delete 组合键，用前景色填充图层，效果如图 13-94 所示。

STEP 9 选择"滤镜 > 模糊 > 径向模糊"命令，在弹出的"径向模糊"对话框中进行设置，如图 13-95 所示，单击"确定"按钮，效果如图 13-96 所示。

STEP 10 在"图层"控制面板中，按住 Shift 键单击"外光圈"图层，选取需要的图层。按 Ctrl+E 组合键，合并图层并将其命名为"光"，如图 13-97 所示。

图 13-94　　　　　　　　　　　　图 13-95　　　　　　　　　　　　图 13-96

STEP 11 单击 "图层" 控制面板下方的 "添加图层样式" 按钮 fx，在打开的菜单中选择 "内发光" 命令，弹出 "图层样式" 对话框，将发光颜色设为黄色（235、233、182），其他选项的设置如图 13-98 所示。选择 "外发光" 选项，切换到相应的选项卡中，将发光颜色设为红色（255、0、0），其他选项的设置如图 13-99 所示，单击 "确定" 按钮，效果如图 13-100 所示。

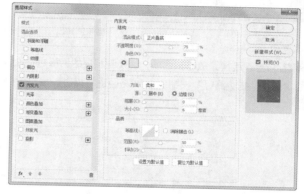

图 13-97　　　　　　　　　　　　　　　　　图 13-98

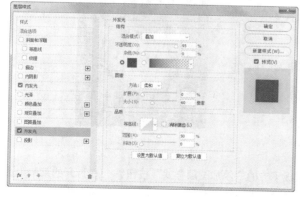

图 13-99　　　　　　　　　　　　　　　　图 13-100

STEP 12 新建图层并将其命名为 "外发光"。选择 "椭圆工具" ，将属性栏中的 "选择工具模式" 选项设为 "路径"，按住 Shift 键在适当的位置绘制一个圆形路径，如图 13-101 所示。

STEP 13 选择 "画笔工具" ，在属性栏中单击 "切换画笔面板" 按钮 ，弹出 "画笔设置" 控制面板。选择 "画笔笔尖形状" 选项，切换到相应的面板进行设置，如图 13-102 所示。选择 "形状动态"选项，切换到相应的面板进行设置，如图 13-103 所示。

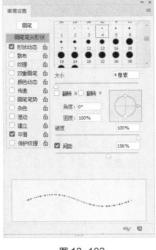

图 13-101   图 13-102   图 13-103

STEP 14 选择"散布"选项，切换到相应的面板进行设置，如图 13-104 所示。单击"路径"控制面板下方的"用画笔描边路径"按钮 ○，对路径进行描边。按 Delete 键删除该路径，效果如图 13-105 所示。

图 13-104   图 13-105

STEP 15 单击"图层"控制面板下方的"添加图层样式"按钮 fx，在打开的菜单中选择"内发光"命令，弹出"图层样式"对话框，将发光颜色设为橘红色（255、94、31），其他选项的设置如图 13-106 所示。选择"外发光"选项，切换到相应的选项卡中，将发光颜色设为红色（255、0、6），其他选项的设置如图 13-107 所示，单击"确定"按钮，效果如图 13-108 所示。

STEP 16 按 Ctrl+J 组合键，复制图层，创建"外发光 拷贝"图层。按 Ctrl+T 组合键，图像周围出现变换框，按住 Alt+Shift 组合键，拖曳右上角的控制手柄等比例缩小图形，按 Enter 键确定操作，效果如图 13-109 所示。

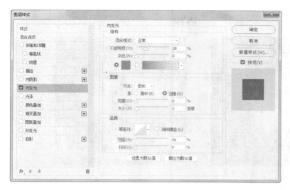

图 13-106

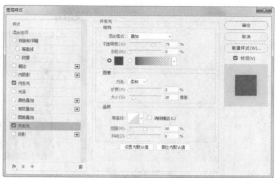

图 13-107

图 13-108

图 13-109

STEP 17 用步骤 16 所述方法复制多个图形并分别等比例缩小，效果如图 13-110 所示。在"图层"控制面板中，按住 Shift 键选取需要的图层。按 Ctrl+E 组合键，合并图层并将其命名为"内光"，如图 13-111 所示。

图 13-110

图 13-111

STEP 18 按 Ctrl+J 组合键，复制"内光"图层。选择"滤镜 > 模糊 > 高斯模糊"命令，在弹出的"高斯模糊"对话框中进行设置，如图 13-112 所示，单击"确定"按钮，效果如图 13-113 所示。

STEP 19 按 Ctrl+O 组合键，打开资源包中的"Ch13> 素材 > 制作彩妆网店详情页主图 > 01、02"文件，选择"移动工具" ，将 01 和 02 图像分别拖曳到图像窗口中适当的位置，效果如图 13-114 所示，在"图层"控制面板中生成了新的图层，将其命名为"化妆品"和"文字"。彩妆网店详情页主图制作完成。

图 13-112

图 13-113

图 13-114

13.2.9　3D 滤镜

3D 滤镜可以生成凹凸图和法线图。3D 滤镜子菜单如图 13-115 所示，应用其中不同的滤镜制作出的效果如图 13-116 所示。

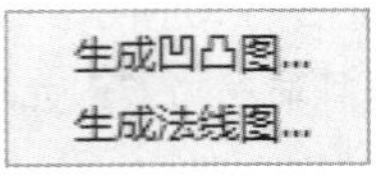

原图　　　　　生成凹凸图　　　　　生成法线图

图 13-115

图 13-116

13.2.10　风格化滤镜

风格化滤镜可以产生印象派以及其他画派风格的效果，它是完全模拟真实艺术手法进行图像制作的。风格化滤镜子菜单如图 13-117 所示，应用其中不同的滤镜制作出的效果如图 13-118 所示。

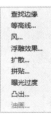
图 13-117

原图　　　　查找边缘　　　　等高线　　　　风　　　　浮雕效果

图 13-118

扩散　　　　　　　拼贴　　　　　　曝光过度　　　　　　凸出　　　　　　　油画

图 13-118（续）

13.2.11　模糊滤镜

模糊滤镜可以使图像中过于清晰或对比度强烈的区域产生模糊效果，也可以用于制作柔和的阴影。模糊滤镜子菜单如图 13-119 所示，应用其中不同滤镜制作出的效果如图 13-120 所示。

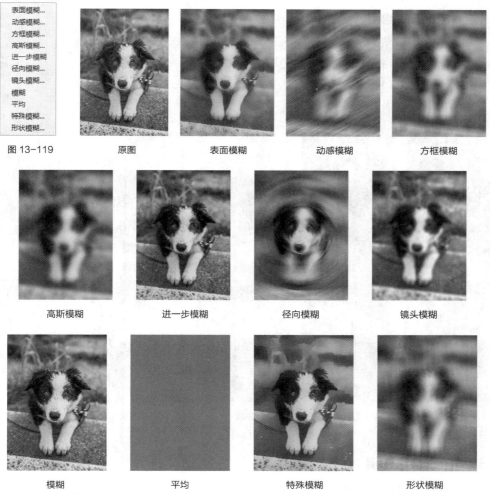

图 13-119　　　　原图　　　　　　表面模糊　　　　　动感模糊　　　　　方框模糊

高斯模糊　　　　进一步模糊　　　　径向模糊　　　　　镜头模糊

模糊　　　　　　　平均　　　　　　特殊模糊　　　　　形状模糊

图 13-120

13.2.12　模糊画廊滤镜

模糊画廊滤镜可以使用图钉或路径来控制图像，从而制作出图像的模糊效果。模糊画廊滤镜子菜单如图 13-121 所示，应用其中不同的滤镜制作出的效果如图 13-122 所示。

场景模糊…
光圈模糊…
移轴模糊…
路径模糊…
旋转模糊…

图 13-121

| 原图 | 场景模糊 | 光圈模糊 | 移轴模糊 | 路径模糊 | 旋转模糊 |

图 13-122

13.2.13　扭曲滤镜

扭曲滤镜可以生成从波纹到扭曲图像的变形效果。扭曲滤镜子菜单如图 13-123 所示，应用其中不同的滤镜制作出的效果如图 13-124 所示。

波浪…
波纹…
极坐标…
挤压…
切变…
球面化…
水波…
旋转扭曲…
置换…

图 13-123

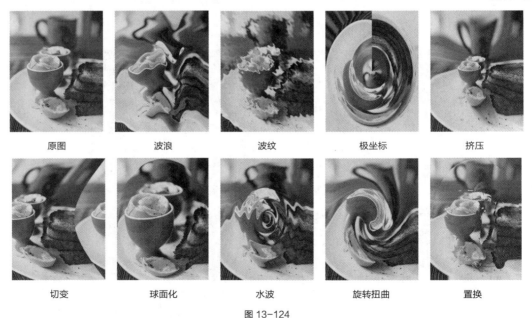

| 原图 | 波浪 | 波纹 | 极坐标 | 挤压 |
| 切变 | 球面化 | 水波 | 旋转扭曲 | 置换 |

图 13-124

13.2.14　杂色滤镜

杂色滤镜可以添加或移动杂色或随机分布的像素。杂色滤镜子菜单如图 13-125 所示，应用其中不同的滤镜制作出的效果如图 13-126 所示。

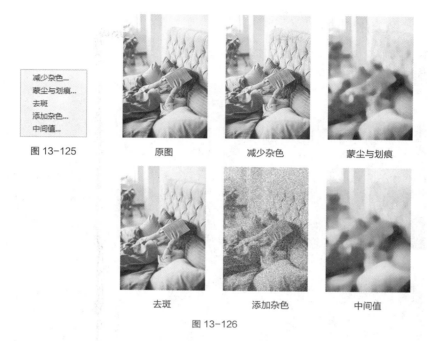

图 13-125

原图　　　减少杂色　　　蒙尘与划痕

去斑　　　添加杂色　　　中间值

图 13-126

13.2.15　渲染滤镜

渲染滤镜可以在图片中产生照明的效果，可以产生不同的光源效果和夜景效果。渲染滤镜子菜单如图 13-127 所示，应用其中的滤镜制作出的效果如图 13-128 所示。

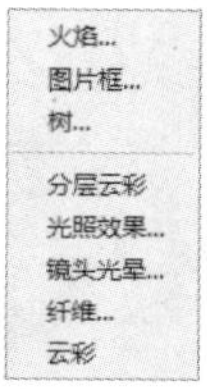

图 13-127

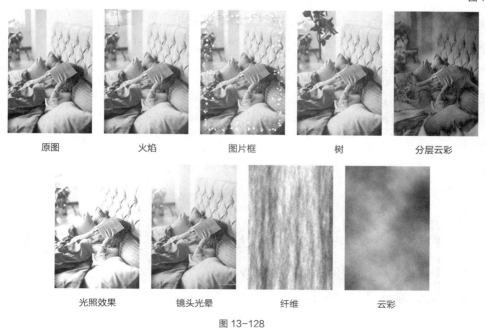

原图　　火焰　　图片框　　树　　分层云彩

光照效果　　镜头光晕　　纤维　　云彩

图 13-128

13.2.16　像素化滤镜

像素化滤镜可以将图像分块或将图像平面化。像素化滤镜子菜单如图 13-129 所示，应用其中不同的滤镜制作出的效果如图 13-130 所示。

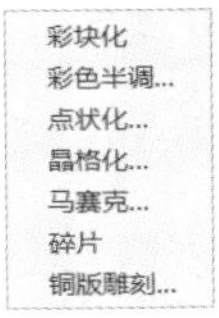

彩块化
彩色半调...
点状化...
晶格化...
马赛克...
碎片
铜版雕刻...

图 13-129

原图　　　　　　彩块化　　　　　　彩色半调　　　　　　点状化

晶格化　　　　　　马赛克　　　　　　碎片　　　　　　铜版雕刻

图 13-130

13.2.17　课堂案例——制作每日早餐公众号封面首图

⊕ 案例学习目标

学习使用滤镜库和锐化滤镜命令制作需要的效果。

⊕ 案例知识要点

使用锐化边缘命令对图像进行锐化，使用滤镜库命令为图片添加艺术效果，最终效果如图 13-131 所示。

⊕ 效果所在位置

资源包/Ch13/效果/制作每日早餐公众号封面首图.psd。

图 13-131

制作每日早餐公众号
封面首图

STEP 1 按 Ctrl+N 组合键，弹出"新建文档"对话框，设置宽度为 1 175 像素、高度为 500 像素、分辨率为 72 像素/英寸、颜色模式为 RGB、背景内容为白色，单击"创建"按钮，新建文档。

STEP 2 按 Ctrl+O 组合键，打开资源包中的"Ch13 > 素材 > 制作每日早餐公众号封面首图 > 01"文件，选择"移动工具"⊕，将 01 图像拖曳到新建的图像窗口中适当的位置，并调整其大小，效果如图 13-132 所示，在"图层"控制面板中生成了新图层，将其命名为"蔬菜"。

STEP 3 选择"滤镜 > 锐化 > 锐化边缘"命令，对图像进行锐化操作，效果如图 13-133 所示。

图 13-132

图 13-133

STEP 4 选择"滤镜 > 滤镜库"命令，在弹出的对话框中进行设置，如图 13-134 所示，单击"确定"按钮，效果如图 13-135 所示。

图 13-134

STEP 5 选择"矩形工具"▢，在属性栏的"选择工具模式"下拉列表中选择"形状"，将"填充"选项设为黑色、"描边"选项设为无，在图像窗口中绘制一个矩形，效果如图 13-136 所示，在"图层"控制面板中生成了新的形状图层"矩形 1"。

图 13-135

图 13-136

STEP 6 在"图层"控制面板上方，将"矩形 1"形状图层的"不透明度"选项设为 18%，如图 13-137 所示，按 Enter 键确定操作，图像效果如图 13-138 所示。

STEP 7 将前景色设为白色。选择"横排文字工具" T.，在适当的位置输入文字并选取，在属性栏中选择合适的字体并设置大小，按 Alt+ →组合键，调整文字的间距，效果如图 13-139 所示，在"图层"控制面板中生成了新的文字图层。每日早餐公众号封面首图制作完成。

图 13-137

图 13-138   图 13-139

13.2.18 锐化滤镜

锐化滤镜可以通过生成更高的对比度来使图像变得更加清晰，突出图像的轮廓，还可以减淡图像修改后产生的模糊效果。锐化滤镜子菜单如图 13-140 所示，应用其中不同的滤镜制作出的效果如图 13-141 所示。

图 13-140

原图   USM 锐化   防抖

进一步锐化   锐化   锐化边缘   智能锐化

图 13-141

13.2.19 视频滤镜

视频滤镜以隔行扫描方式将提取的图像转换为视频设备可接收的图像，以消除图像在不同设备间交换时产生的差异。视频滤镜子菜单如图 13-142 所示，应用其中不同的滤镜制作出的效果如图 13-143 所示。

图 13-142

原图 NTSC 颜色 逐行

图 13-143

13.2.20 其他滤镜

其他滤镜可以创建特殊的图像效果。其他滤镜子菜单如图 13-144 所示，应用其中不同的滤镜制作出的效果如图 13-145 所示。

图 13-144

原图 HSB/HSL 高反差保留 位移

自定 最大值 最小值

图 13-145

13.3 滤镜的使用技巧

重复使用滤镜、对局部图像使用滤镜、对通道使用滤镜、使用智能滤镜或对滤镜效果进行调整可以使图像产生丰富、生动的变化。

13.3.1　重复使用滤镜

如果使用一次滤镜后效果不理想，可以按 Ctrl+F 组合键重复使用滤镜。多次重复使用滤镜的不同效果如图 13-146 所示。

图 13-146

13.3.2　对图像局部使用滤镜

对图像局部使用滤镜是常用的图像处理方法。首先在图像上绘制选区，如图 13-147 所示，然后对选区中的图像使用"查找边缘"滤镜，效果如图 13-148 所示。如果对选区进行羽化后再使用滤镜，就可以得到与原图融为一体的图像效果。在"羽化选区"对话框中设置羽化半径的值，如图 13-149 所示，单击"确定"按钮，再使用"查找边缘"滤镜得到的效果如图 13-150 所示。

图 13-147　　　　图 13-148　　　　　　　　图 13-149　　　　　　　　图 13-150

13.3.3　对通道使用滤镜

如果分别对图像的各个通道都使用滤镜，效果层和对原图像直接使用滤镜的效果相同。对图像的部分通道使用滤镜，可以得到一种非常特别的图像效果。原始图像如图 13-151 所示，对图像的绿、蓝通道使用"径向模糊"滤镜后得到的效果如图 13-152 所示。

图 13-151　　　　　　图 13-152

13.3.4 使用智能滤镜

　　常用的滤镜应用在图像上后就不能改变滤镜命令中的数值，而智能滤镜是针对智能对象使用的、可调节滤镜效果的一种命令。

　　在"图层"控制面板中选中需要的图层，如图 13-153 所示。选择"滤镜 > 转换为智能滤镜"命令，弹出提示对话框，单击"确定"按钮，"图层"控制面板如图 13-154 所示。选择"滤镜 > 模糊 > 动感模糊"命令，为图像添加动感模糊效果，在"图层"控制面板中，此图层的下方会显示出所用滤镜的名称，如图 13-155 所示。

　　双击"图层"控制面板中的滤镜名称，可以在弹出的相应对话框中重新设置滤镜的参数。单击滤镜名称右侧的"双击以编辑滤镜混合选项"图标，弹出"混合选项"对话框，在对话框中可以设置滤镜效果的模式和不透明度，如图 13-156 所示。

图 13-153

图 13-154

图 13-155

图 13-156

13.3.5 对滤镜效果进行调整

　　对图像应用"动感模糊"滤镜后，效果如图 13-157 所示。按 Shift+Ctrl+F 组合键，弹出"渐隐"对话框，调整不透明度并选择模式，如图 13-158 所示。单击"确定"按钮，滤镜效果就会产生变化，如图 13-159 所示。

图 13-157

图 13-158

图 13-159

13.4 课堂练习——制作娱乐媒体公众号封面首图

练习知识要点

　　使用动作命令制作娱乐媒体公众号封面首图，最终效果如图 13-160 所示。

🔍 效果所在位置

资源包/Ch13/效果/制作娱乐媒体公众号封面首图.psd。

图 13-160

制作娱乐媒体公众号
封面首图

13.5 课后习题——制作家用电器类微信公众号封面首图

🔍 习题知识要点

使用移动工具添加边框、热水壶和文字，使用 USM 锐化命令调整热水壶的清晰度，最终效果如图 13-161
所示。

🔍 效果所在位置

资源包/Ch13/效果/制作家用电器类微信公众号封面首图.psd。

图 13-161

制作家用电器类微信
公众号封面首图

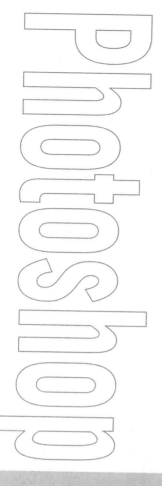

第 14 章
综合案例

　　本章通过多个综合案例，进一步讲解 Photoshop CC 各大功能的特色和使用技巧，让读者能够快速地了解 Photoshop CC 的功能和知识要点，从而制作出变化丰富的设计作品。

课堂学习目标

- 掌握 Photoshop CC 基础知识的运用方法

- 了解 Photoshop CC 的常用设计领域

- 掌握 Photoshop CC 在不同设计领域的使用方法

14.1 制作女包品类 Banner

14.1.1 案例分析

晒潮流是为广大年轻消费者提供服饰销售及售后服务的平台。该平台拥有来自全球不同地区、不同风格的服饰，而且会为用户推荐极具特色的新品。"双十一"来临之际，该平台需要为女包品类设计一款 Banner（横幅广告），要求在展现产品特色的同时，突出优惠力度。

设计思路：使用动静结合、具有冲击感的背景，营造出活力、热闹的氛围；主体图像与背景和主题完美结合，让人一目了然；色彩的使用富有朝气，给人青春洋溢的印象；文字醒目突出，能达到宣传的目的。

本例将使用移动工具添加素材图片，使用色阶、色相/饱和度和亮度/对比度等调整图层调整图像颜色，使用横排文字工具添加广告文字，最终效果如图 14-1 所示。

14.1.2 案例设计

资源包/Ch14/效果/制作女包品类 Banner.psd。

图 14-1

制作女包品类 Banner

14.2 制作《春之韵》巡演海报

14.2.1 案例分析

呼兰极地之光是一家组织文化艺术交流活动、进行文艺创作、承办展览展示等的服务公司。现由爱罗斯皇家芭蕾舞蹈团演绎的歌舞剧《春之韵》将在某剧院演出，需要设计一款巡演海报，要求该海报能展现出此次巡演的主题和特色。

设计思路：使用色彩斑斓的背景营造出活力且具有韵味的氛围，同时凸显品质感；海报以人物为主体，具有视觉冲击力；画面排版主次分明，增加画面的趣味和美感；以直观醒目的方式向观众传达宣传信息。

本例将使用图层蒙版和画笔工具制作装饰图形，使用色相饱和度、色阶和亮度/对比度等调整图层调整图像颜色，使用横排文字工具和字符控制面板添加标题和宣传文字，最终效果如图 14-2 所示。

14.2.2 案例设计

资源包/Ch14/效果/制作春之韵巡演海报.psd。

制作春之韵巡演海报

图 14-2

14.3 制作家具线上购物平台首页

14.3.1　案例分析

艾利佳家居是一家具有设计感的现代家居公司，秉承北欧简约风格，传递"零压力"的生活概念，意在打造简约、时尚、现代的家居风格。现为拓展公司业务、扩大规模，该公司需要开发线上购物平台，要求设计一款网站首页，设计要符合产品的宣传主题，能体现线上购物平台的特点。

设计思路：通过简约的页面设计，给人直观的印象，易于阅读；产品的展示主次分明，让人一目了然，促进销售；颜色的运用合理，给人品质感；整体设计清新自然，给人好感，让人产生购买欲望。

本例将使用移动工具添加素材图片，使用横排文字工具、字符控制面板、矩形工具和椭圆工具制作Banner 和导航条，使用直线工具、图层样式、矩形工具和横排文字工具制作网页内容和底部信息，最终效果如图 14-3 所示。

14.3.2　案例设计

资源包/Ch14/效果/制作家具线上购物平台首页.psd。

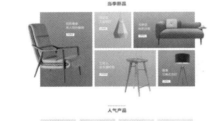

制作家具网站首页 1

制作家具网站首页 2

制作家具网站首页 3

图 14-3

14.4 制作美食类 App 页面

14.4.1 案例分析

Delicacy 是一家主营外卖、零售、即时配送和餐饮供应等业务的本地订餐平台。该平台品类丰富，包括早午晚餐、下午茶和宵夜等。现为了更好地为用户提供服务，该平台需要对整体设计进行更新，要求设计要符合产品的调性和用户需求，能够体现出平台的特点。

设计思路：通过简洁的页面设计，给人直观的印象，使页面易于浏览；产品图的展示主次分明，让人一目了然、便于选择；色彩应用合理，能够使用户产生食欲，促进消费。

本例将使用移动工具移动素材，使用椭圆工具和圆角矩形工具绘制图形，使用投影和渐变叠加图层样式为图形添加特殊效果，使用置入命令置入图像，使用剪贴蒙版调整图像的显示区域，使用横排文字工具输入文字，最终效果如图 14-4 所示。

14.4.2 案例设计

资源包/Ch14/效果/制作美食类 App 页面.psd。

 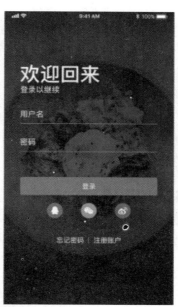

图 14-4

制作美食类 App1–闪屏页

制作美食类 App2–登录页

制作美食类 App3–首页

14.5 课堂练习 1——制作健身俱乐部宣传单

练习知识要点

使用添加杂色和高反差保留滤镜命令调整图像，使用混合模式制作图层的融合，使用照片滤镜命令为图像加色，最终效果如图 14-5 所示。

效果所在位置

资源包/Ch14/效果/制作健身俱乐部宣传单.psd。

图 14-5

制作健身俱乐部宣传单

14.6 课堂练习 2——制作招聘广告

练习知识要点

使用移动工具添加人物，使用矩形工具、添加锚点工具、转换点工具和直接选择工具制作装饰图形，使用横排文字工具和字符控制面板添加公司名称、职位信息和联系方式，最终效果如图 14-6 所示。

效果所在位置

资源包/Ch14/效果/制作招聘广告.psd。

图 14-6

制作招聘广告

14.7 课后习题 1——制作摄影书籍封面

⊕ 习题知识要点

使用矩形工具、移动工具和剪贴蒙版制作图像主体，使用横排文字工具和字符控制面板添加书籍信息，使用矩形工具和自定形状工具绘制标识，最终效果如图 14-7 所示。

⊕ 效果所在位置

资源包/Ch14/效果/制作摄影书籍封面.psd。

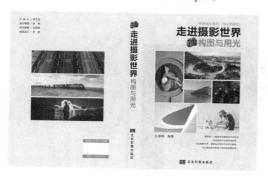

图 14-7

制作摄影书籍封面 1

制作摄影书籍封面 2

制作摄影书籍封面 3

14.8 课后习题 2——制作方便面包装

⊕ 习题知识要点

使用椭圆工具和图层样式制作包装底图，使用色阶和色相/饱和度调整图层调整图像颜色，使用横排文字工具制作包装信息，使用移动工具、置入嵌入对象命令和图层样式制作包装展示图，最终效果如图 14-8 所示。

⊕ 效果所在位置

资源包/Ch14/效果/制作方便面包装.psd。

图 14-8

制作方便面包装 1

制作方便面包装 2

14.9 课后习题 3——制作电子商务行业活动促销 H5

习题知识要点

　　使用椭圆工具和渐变工具制作背景效果，使用移动工具添加素材，使用椭圆选框工具制作人物阴影，使用横排文字工具和文字变形命令制作丝带文字，使用横排文字工具添加相关信息，使用矩形工具、圆角矩形工具和图层样式添加装饰图形，最终效果如图 14-9 所示。

效果所在位置

　　资源包/Ch14/效果/制作电子商务行业活动促销 H5.psd。

制作电子商务行业
活动促销 H5

图 14-9